Konrad Reif

Herausgeber

Basiswissen Dieselmotor

Springer Vieweg

Herausgeber
Prof. Dr.-Ing. Konrad Reif
Duale Hochschule Baden-Württemberg
Ravensburg, Campus Friedrichshafen
Friedrichshafen, Deutschland
editor@reif.re

Grundlagen Kraftfahrzeugtechnik lernen

ISBN 978-3-658-13984-1

Die Deutsche Nationalbibliothek verzeichnet diese Publikation in der Deutschen Nationalbibliographie; detaillierte bibliographische Daten sind im Internet über http://dnb.d-nb.de abrufbar.

Springer Vieweg
© Springer Fachmedien Wiesbaden GmbH 2018

Gedruckt auf säurefreiem und chlorfrei gebleichtem Papier.

Springer Vieweg ist Teil von Springer Nature
Die eingetragene Gesellschaft ist Springer Fachmedien Wiesbaden GmbH
Die Anschrift der Gesellschaft ist: Abraham-Lincoln-Str. 46, 65189 Wiesbaden, Germany

Vorwort

Die beständige, jahrzehntelange Vorwärtsentwicklung der Fahrzeugtechnik zwingt den Fachmann dazu, mit dieser Entwicklung Schritt zu halten. Dies gilt nicht nur für junge Leute in der Ausbildung und die Ausbilder selbst, sondern auch für jeden, der schon länger auf dem Gebiet der Fahrzeugtechnik und -elektronik arbeitet. Dabei nimmt neben den klassischen Gebieten Fahrzeug- und Motorentechnik die Elektronik eine immer wichtigere Rolle ein. Die Aus- und Weiterbildungsangebote müssen dem Rechnung tragen, genauso wie die Studienangebote.

Der Fachlehrgang „Grundlagen Kraftfahrzeugtechnik lernen" nimmt auf diesen Bedarf Bezug und bietet mit zehn Einzelthemen einen leichten Einstieg in das wichtige und umfangreiche Gebiet der Kraftfahrzeugtechnik. Eine fachlich fundierte und anwendungsorientierte Darstellung garantiert eine direkte Verwertbarkeit des Fachlehrgangs in der Praxis. Die leichte Verständlichkeit machen diesen für das Selbststudium besonders geeignet.

Der hier vorliegende Teil des Fachlehrgangs mit dem Titel „Basiswissen Dieselmotor" behandelt die Grundlagen von Dieselmotoren in einer kompakten und übersichtlichen Form. Dabei wird auf die grundsätzliche Funktion des Motors, die Füllungssteuerung und vor allem auf die Einspritzung eingegangen. Außerdem werden Startanlagen behandelt. Dieser Teil des Fachlehrgangs entspricht zu einem großen Teil dem gelben Heft „Dieselmotor-Management im Überblick" aus der Reihe Fachwissen Kfz-Technik von Bosch, mit Ausnahme der Startanlagen.

Friedrichshafen, im Oktober 2017   Konrad Reif

Inhaltsverzeichnis

Herausgeber

Prof. Dr.-Ing. Konrad Reif

Autoren

Dr.-Ing. Herbert Schumacher
(Einsatzgebiete der Dieselmotoren)

Dr.-Ing. Thorsten Raatz
(Grundlagen des Dieselmotors)

Dipl.-Ing. Hermann Grieshaber
(Grundlagen des Dieselmotors, Grundlagen
der Dieseleinspritzung)

Dr. rer. nat. Jörg Ullmann
(Kraftstoffe)

Dr.-Ing. Thomas Wintrich
(Systeme zur Füllungssteuerung)

Dipl.-Betriebsw. Meike Keller
(Motoransaugfilter)

Dipl.-Ing. Jens Olaf Stein
(Grundlagen der Dieseleinspritzung)

Henri Bruognolo
(Reiheneinspritzpumpen)

Dipl.-Ing. (FH) Helmut Simon
(Verteilereinspritzpumpen)

Dr. tech. Theodor Stipek,
Dipl.-Ing. Joachim Lackner.
(Einzelzylindersysteme für Großmotoren)

Dipl.-Ing. (HU) Carlos Alvarez-Avila,
Dipl.-Ing. Roger Potschin.
(UIS/UPS)

Dipl.-Ing. Felix Landhäußer
(Common Rail, Elektronische Dieselregelung)

Dipl.-Ing. Roman Pirsch,
Dipl.-Ing. Hartmut Wanner.
(Startanlagen)

Soweit nicht anders angegeben,
handelt es sich um Mitarbeiter der
Robert Bosch GmbH.

Einsatzgebiete der Dieselmotoren

Kein anderer Verbrennungsmotor wird so vielfältig eingesetzt wie der Dieselmotor [1]). Dies ist vor allem auf seinen hohen Wirkungsgrad und der damit verbundenen Wirtschaftlichkeit zurückzuführen.

Die wesentlichen Einsatzgebiete für Dieselmotoren sind:
- Stationärmotoren,
- Pkw und leichte Nkw,
- schwere Nkw,
- Bau- und Landmaschinen,
- Lokomotiven und
- Schiffe.

Dieselmotoren werden als Reihenmotoren und V-Motoren gebaut. Sie eignen sich grundsätzlich sehr gut für die Aufladung, da bei ihnen im Gegensatz zum Ottomotor kein Klopfen auftritt.

---

[1]) Benannt nach Rudolf Diesel (1858 bis 1913), der 1892 sein erstes Patent auf „Neue rationale Wärmekraftmaschinen" anmeldete. Es erforderte jedoch noch viel Entwicklungsarbeit, bis 1897 der erste Dieselmotor bei MAN in Augsburg lief.

Eigenschaftskriterien

Folgende Merkmale und Eigenschaften sind für den Einsatz eines Dieselmotors von Bedeutung (Beispiele):
- Motorleistung,
- spezifische Leistung,
- Betriebssicherheit,
- Herstellungskosten,
- Wirtschaftlichkeit im Betrieb,
- Zuverlässigkeit,
- Umweltverträglichkeit,
- Komfort und
- Gefälligkeit (z. B. Motorraumdesign).

Je nach Anwendungsbereich ergeben sich für die Auslegung des Dieselmotors unterschiedlich Schwerpunkte.

Anwendungen

Stationärmotoren

Stationärmotoren (z. B. für Stromerzeuger) werden oft mit einer festen Drehzahl betrieben. Motor und Einspritzsystem können somit optimal auf diese Drehzahl abgestimmt werden. Ein Drehzahlregler verändert die Einspritzmenge entsprechend der geforderten Last. Für diese An-

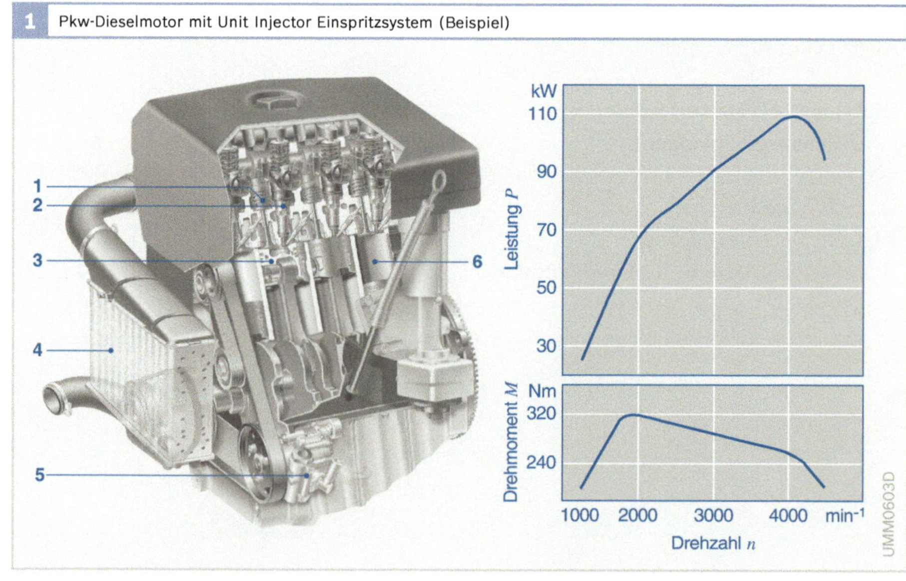

1 Pkw-Dieselmotor mit Unit Injector Einspritzsystem (Beispiel)

Bild 1
1   Ventiltrieb
2   Injektor
3   Kolben mit Bolzen und Pleuel
4   Ladeluftkühler
5   Kühlmittelpumpe
6   Zylinder

wendungen werden weiterhin auch Einspritzanlagen mit mechanischer Regelung
eingesetzt.

Auch Pkw- und Nkw-Motoren können als
Stationärmotoren eingesetzt werden. Die
Regelung des Motors muss jedoch ggf. den
veränderten Bedingungen angepasst sein.

Pkw und leichte Nkw
Besonders von Pkw-Motoren (Bild 1) wird
ein hohes Maß an Durchzugskraft und
Laufruhe erwartet. Auf diesem Gebiet
wurden durch weiterentwickelte Motoren
und neue Einspritzsysteme mit Elektronischer Dieselregelung (Electronic Diesel
Control, EDC) große Fortschritte erzielt.
Das Leistungs- und Drehmomentverhalten
konnte auf diese Weise seit Beginn der
1990er- Jahre wesentlich verbessert
werden. Deshalb hat der „Diesel" unter
anderem auch den Einzug in die Pkw-
Oberklasse geschafft.
   In Pkw werden Schnellläufer mit Drehzahlen bis 5500 min⁻¹ eingesetzt. Das Spektrum reicht vom 10-Zylinder mit 5000 cm³
in Limousinen bis zum 3-Zylinder 800 cm³-
Motor in Kleinwagen.

Neue Pkw-Dieselmotoren werden in Europa nur noch mit Direkteinspritzung (DI,
Direct Injection engine) entwickelt, da der
Kraftstoffverbrauch bei DI-Motoren ca.
15...20 % geringer ist als bei Kammermotoren. Diese heute fast ausschließlich
mit einem Abgasturbolader ausgerüsteten
Motoren bieten deutlich höhere Drehmomente als vergleichbare Ottomotoren. Das
im Fahrzeug maximal mögliche Drehmoment wird meist von den zur Verfügung
stehenden Getrieben und nicht vom Motor
bestimmt.

Die immer schärfer werdenden Abgasgrenzwerte und die gestiegenen Leistungs-
anforderungen erfordern Einspritzsysteme mit sehr hohen Einspritzdrücken.
Die steigenden Anforderungen an das Abgasverhalten bilden auch zukünftig eine
Herausforderung für die Entwickler von
Dieselmotoren. Deshalb wird es in Zukunft
besonders auf dem Gebiet der Abgasnachbehandlung zu weiteren Veränderungen
kommen.

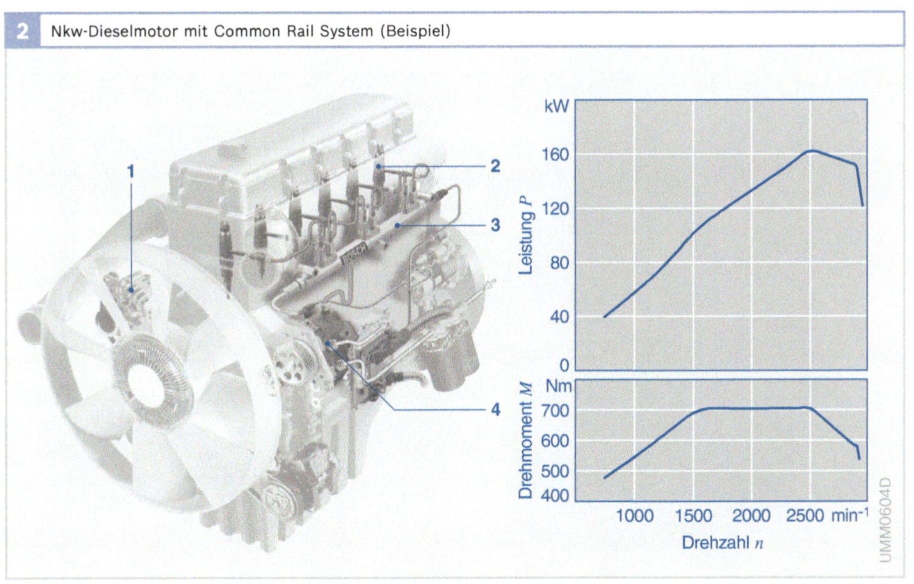

2   Nkw-Dieselmotor mit Common Rail System (Beispiel)

Bild 2
1   Generator
2   Injektor
3   Rail
4   Hochdruckpumpe

Schwere Nkw

Motoren für schwere Nkw (Bild 2) müssen vor allem wirtschaftlich sein. Deshalb sind in diesem Anwendungsbereich nur Dieselmotoren mit Direkteinspritzung (DI) zu finden. Der Drehzahlbereich dieser Mittelschnellläufer reicht bis ca. 3500 min^{-1}.

Auch die Abgasgrenzwerte für Nkw werden immer weiter herabgesetzt. Dies bedeutet hohe Anforderungen auch an das jeweilige Einspritzsystem und die Entwicklung von neuen Systemen zur Abgasnachbehandlung.

Bau- und Landmaschinen

Im Bereich der Bau- und Landmaschinen hat der Dieselmotor seinen klassischen Einsatzbereich. Bei der Auslegung dieser Motoren wird außer auf die Wirtschaftlichkeit besonders hoher Wert auf Robustheit, Zuverlässigkeit und Servicefreundlichkeit gelegt. Die maximale Leistungsausbeute und die Geräuschoptimierung haben einen geringeren Stellenwert als zum Beispiel bei Pkw-Motoren. Bei dieser Anwendung werden Motoren mit Leistungen ab ca. 3 kW bis hin zu Leistungen schwerer Nkw eingesetzt.

Bei Bau- und Landmaschinen kommen vielfach noch Einspritzsysteme mit mechanischer Regelung zum Einsatz. Im Gegensatz zu allen anderen Einsatzbereichen, in denen vorwiegend wassergekühlte Motoren verwendet werden, hat bei den Bau- und Landmaschinen die robuste und einfach realisierbare Luftkühlung noch große Bedeutung.

Lokomotiven

Lokomotivmotoren sind, ähnlich wie größere Schiffsdieselmotoren, besonders auf Dauerbetrieb ausgelegt. Außerdem müssen sie gegebenenfalls auch mit schlechteren Dieselkraftstoff-Qualitäten zurechtkommen. Ihre Baugröße umfasst den Bereich großer Nkw-Motoren bis zu mittleren Schiffsmotoren.

Schiffe

Die Anforderungen an Schiffsmotoren sind je nach Einsatzbereich sehr unterschiedlich. Es gibt ausgesprochene Hochleistungsmotoren für z. B. Marine- oder Sportboote. Für diese Anwendung werden 4-Takt-Mittelschnellläufer mit einem Drehzahlbereich zwischen 400...1500 min^{-1} und bis zu 24 Zylindern eingesetzt (Bild 3).

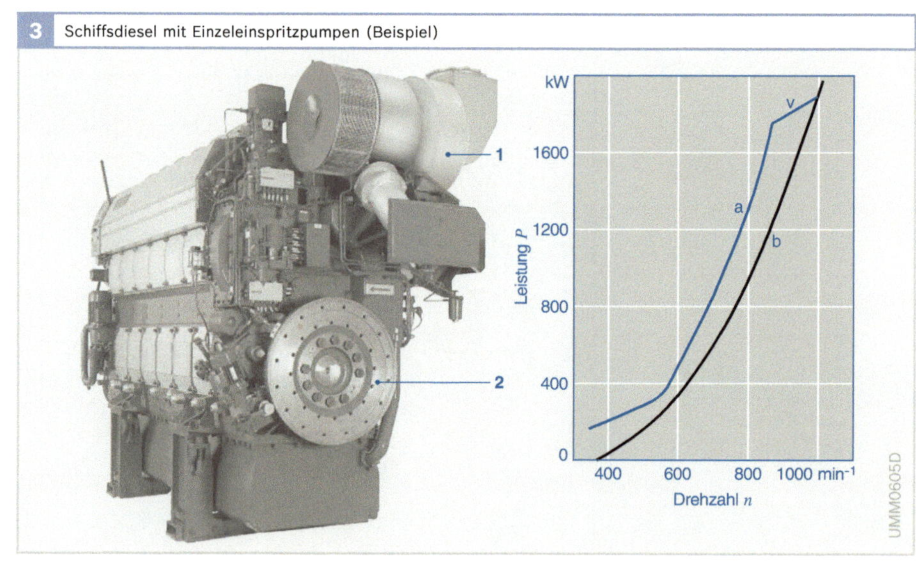

3 Schiffsdiesel mit Einzeleinspritzpumpen (Beispiel)

Bild 3

1 Lader
2 Schwungmasse

a Motorleistung
b Fahrwiderstandskurve
v Bereich der Volllastbegrenzung

Andererseits finden auf äußerste Wirtschaftlichkeit im Dauerbetrieb ausgelegte 2-Takt-Großmotoren Verwendung. Mit diesen Langsamläufern ($n < 300$ min^{-1}) werden auch die höchsten mit Kolbenmotoren erreichbaren effektiven Wirkungsgrade von bis zu 55 % erreicht.

Großmotoren werden meist mit preiswertem Schweröl betrieben. Dazu ist eine aufwändige Kraftstoff-Aufbereitung an Bord erforderlich. Der Kraftstoff muss je nach Qualität auf bis zu 160 °C aufgeheizt werden. Erst dadurch wird seine Viskosität auf einen Wert gesenkt, der ein Filtern und Pumpen ermöglicht.

Für kleinere Schiffe werden oft Motoren eingesetzt, die eigentlich für schwere Nkw bestimmt sind. Damit steht ein wirtschaftlicher Antrieb mit niedrigen Entwicklungskosten zur Verfügung. Auch bei diesen Anwendungen muss die Regelung an das veränderte Einsatzprofil angepasst sein.

Mehr- oder Vielstoffmotoren

Für Sonderanwendungen (z. B. Einsatz in Gebieten mit sehr schlechter Infrastruktur und Militäranwendungen) wurden Dieselmotoren mit der Eignung für wechselweisen Betrieb mit Diesel-, Otto- und ähnlichen Kraftstoffen entwickelt. Sie haben zurzeit nahezu keine Bedeutung, da mit solchen Motoren die heutigen Anforderungen an das Emissions- und Leistungsverhalten nicht zu erfüllen sind.

Motorkenndaten

Tabelle 1 zeigt die wichtigsten Vergleichsdaten verschiedener Diesel- und Ottomotoren.

Bei Ottomotoren mit Benzin-Direkteinspritzung (BDE) liegt der Mitteldruck um ca. 10 % höher als bei den in der Tabelle angegebenen Motoren mit Saugrohreinspritzung. Der spezifische Kraftstoffverbrauch ist dabei um bis zu 25 % geringer. Das Verdichtungsverhältnis bei diesen Motoren geht bis $\varepsilon = 13$.

1   Vergleichsdaten für Diesel- und Ottomotoren

Einspritzsystem	Nenndrehzahl n_{Nenn} [min^{-1}]	Verdichtungsverhältnis ε	Mitteldruck [1] p_e [bar]	spezifische Leistung $p_{e,\,spez.}$ [kW/l]	Leistungsgewicht $m_{spez.}$ [kg/kW]	spez. Kraftstoffverbrauch [2] b_e [g/kWh]
Dieselmotoren						
IDI[3] Pkw Saugmotoren	3500...5000	20...24	7...9	20...35	5...3	320...240
IDI[3] Pkw mit Aufladung	3500...4500	20...24	9...12	30...45	4...2	290...240
DI[4] Pkw Saugmotoren	3500...4200	19...21	7...9	20...35	5...3	240...220
DI[4] Pkw mit Aufladung u. LLK[5]	3600...4400	16...20	8...22	30...60	4...2	210...195
DI[4] Nkw Saugmotoren	2000...3500	16...18	7...10	10...18	9...4	260...210
DI[4] Nkw mit Aufladung	2000...3200	15...18	15...20	15...25	8...3	230...205
DI[4] Nkw mit Aufladung u. LLK[5]	1800...2600	16...18	15...25	25...35	5...2	225...190
Bau- und Landmaschinen	1000...3600	16...20	7...23	6...28	10...1	280...190
Lokomotiven	750...1000	12...15	17...23	20...23	10...5	210...200
Schiffe (4-Takt)	400...1500	13...17	18...26	10...26	16...13	210...190
Schiffe (2-Takt)	50...250	6...8	14...18	3...8	32...16	180...160
Ottomotoren						
Pkw Saugmotoren	4500...7500	10...11	12...15	50...75	2...1	350...250
Pkw mit Aufladung	5000...7000	7...9	11...15	85...105	2...1	380...250
Nkw	2500...5000	7...9	8...10	20...30	6...3	380...270

Tabelle 1

[1] Aus dem Mitteldruck p_e kann das mit folgender Formel spezifische Drehmoment $M_{spez.}$ [Nm] ermittelt werden:

$$M_{spez.} = \frac{25}{\pi \cdot p_e}$$

[2] Bestverbrauch

[3] IDI Indirect Injection (Kammermotoren)

[4] DI Direct Injection (Direkteinspritzer)

[5] Ladeluftkühlung

Grundlagen des Dieselmotors

**Der Dieselmotor ist ein Selbstzündungs-
motor mit innerer Gemischbildung. Die
für die Verbrennung benötigte Luft wird
im Brennraum hoch verdichtet. Dabei
entstehen hohe Temperaturen, bei denen
sich der eingespritzte Dieselkraftstoff
selbst entzündet. Die im Dieselkraftstoff
enthaltene chemische Energie wird vom
Dieselmotor über Wärme in mechanische
Arbeit umgesetzt.**

Der Dieselmotor ist die Verbrennungs-
kraftmaschine mit dem höchsten effektiven Wirkungsgrad (bei großen langsam
laufenden Motoren mehr als 50 %). Der
damit verbundene niedrige Kraftstoffverbrauch, die vergleichsweise schadstoffarmen Abgase und das vor allem durch
Voreinspritzung verminderte Geräusch
verhalfen dem Dieselmotor zu großer
Verbreitung.

Der Dieselmotor eignet sich besonders
für die Aufladung. Sie erhöht nicht nur die
Leistungsausbeute und verbessert den
Wirkungsgrad, sondern vermindert zudem
die Schadstoffe im Abgas und das Verbrennungsgeräusch.

Zur Reduzierung der NO_X-Emission bei
Pkw und Nkw wird ein Teil des Abgases
in den Ansaugtrakt des Motors zurückge-
leitet (Abgasrückführung). Um noch niedrigere NO_X-Emissionen zu erhalten, kann
das zurückgeführte Abgas gekühlt werden.

Dieselmotoren können sowohl nach dem
Zweitakt- als auch nach dem Viertakt-
Prinzip arbeiten. Im Kraftfahrzeug kommen hauptsächlich Viertakt-Motoren
zum Einsatz.

Arbeitsweise

Ein Dieselmotor enthält einen oder mehrere Zylinder. Angetrieben durch die Verbrennung des Luft-Kraftstoff-Gemischs
führt ein Kolben (Bild 1, Pos. 3) je Zylinder
(5) eine periodische Auf- und Abwärts-
bewegung aus. Dieses Funktionsprinzip
gab dem Motor den Namen „Hubkolbenmotor".

Die Pleuelstange (11) setzt diese Hub-
bewegungen der Kolben in eine Rotationsbewegung der Kurbelwelle (14) um. Eine
Schwungmasse (15) an der Kurbelwelle
hält die Bewegung aufrecht und vermindert die Drehungleichförmigkeit, die
durch die Verbrennungen in den einzelnen
Kolben entsteht. Die Kurbelwellendrehzahl wird auch Motordrehzahl genannt.

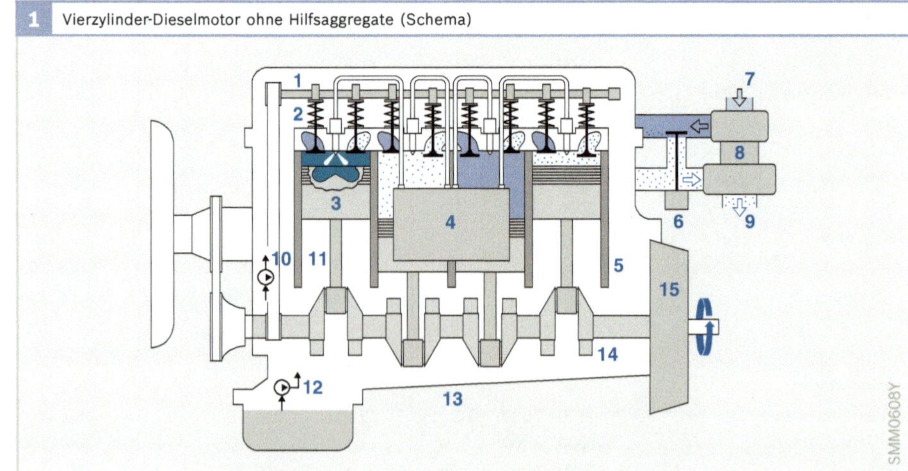

1 Vierzylinder-Dieselmotor ohne Hilfsaggregate (Schema)

Bild 1
1 Nockenwelle
2 Ventile
3 Kolben
4 Einspritzsystem
5 Zylinder
6 Abgasrückführung
7 Ansaugrohr
8 Lader (hier
   Abgasturbolader)
9 Abgasrohr
10 Kühlsystem
11 Pleuelstange
12 Schmiersystem
13 Motorblock
14 Kurbelwelle
15 Schwungmasse

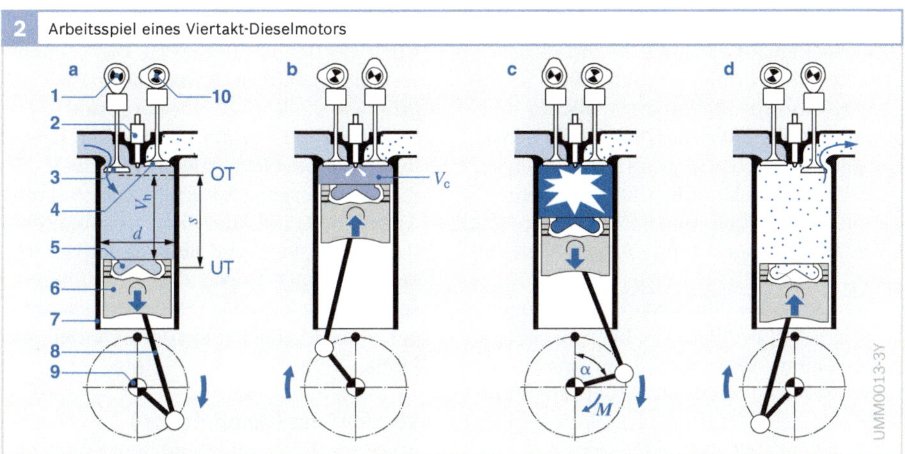

Bild 2
a   Ansaugtakt
b   Verdichtungstakt
c   Arbeitstakt
d   Ausstoßtakt

1   Einlassnockenwelle
2   Einspritzdüse
3   Einlassventil
4   Auslassventil
5   Brennraum
6   Kolben
7   Zylinderwand
8   Pleuelstange
9   Kurbelwelle
10 Auslassnockenwelle

α Kurbelwellenwinkel
d Bohrung
M Drehmoment
s Kolbenhub
V_c Kompressions-
    volumen
V_h Hubvolumen
    (Hubraum)
OT oberer Totpunkt
    des Kolbens
UT unterer Totpunkt
    des Kolbens

Viertakt-Verfahren

Beim Viertakt-Dieselmotor (Bild 2) steuern
Gaswechselventile den Gaswechsel von
Frischluft und Abgas. Sie öffnen oder schließen die Ein- und Auslasskanäle zu den Zylindern. Je Ein- bzw. Auslasskanal können
ein oder zwei Ventile eingebaut sein.

1. Takt: Ansaugtakt (a)

Ausgehend vom oberen Totpunkt (OT)
bewegt sich der Kolben (6) abwärts und
vergrößert das Volumen im Zylinder.
Durch das geöffnete Einlassventil (3)
strömt Luft ohne vorgeschaltete Drossel-
klappe in den Zylinder ein. Im unteren
Totpunkt (UT) hat das Zylindervolumen
seine maximale Größe erreicht ($V_h + V_c$).

2. Takt: Verdichtungstakt (b)

Die Gaswechselventile sind nun geschlossen. Der aufwärts gehende Kolben verdichtet (komprimiert) die im Zylinder eingeschlossene Luft entsprechend dem aus-
geführten Verdichtungsverhältnis (von 6:1
bei Großmotoren bis 24:1 bei Pkw). Sie
erwärmt sich dabei auf Temperaturen bis
zu 900 °C. Gegen Ende des Verdichtungs-
vorgangs spritzt die Einspritzdüse (2) den
Kraftstoff unter hohem Druck (derzeit bis
zu 2200 bar) in die erhitzte Luft ein. Im
oberen Totpunkt ist das minimale Volumen
erreicht (Kompressionsvolumen V_c).

3. Takt: Arbeitstakt (c)

Nach Verstreichen des Zündverzugs (einige Grad Kurbelwellenwinkel) beginnt
der Arbeitstakt. Der fein zerstäubte zünd-
willige Dieselkraftstoff entzündet sich
selbst an der hoch verdichteten heißen
Luft im Brennraum (5) und verbrennt.
Dadurch erhitzt sich die Zylinderladung
weiter und der Druck im Zylinder steigt
nochmals an. Die durch die Verbrennung
frei gewordene Energie ist im Wesentlichen durch die eingespritzte Kraftstoffmasse bestimmt (Qualitätsregelung). Der
Druck treibt den Kolben nach unten, die
chemische Energie wird in Bewegungsenergie umgewandelt. Ein Kurbeltrieb
übersetzt die Bewegungsenergie des
Kolbens in ein an der Kurbelwelle zur
Verfügung stehendes Drehmoment.

4. Takt: Ausstoßtakt (d)

Bereits kurz vor dem unteren Totpunkt
öffnet das Auslassventil (4). Die unter
Druck stehenden heißen Gase strömen
aus dem Zylinder. Der aufwärts gehende
Kolben stößt die restlichen Abgase aus.

Nach jeweils zwei Kurbelwellenumdrehungen beginnt ein neues Arbeitsspiel
mit dem Ansaugtakt.

Ventilsteuerzeiten

Die Nocken auf der Einlass- und Auslass-nockenwelle öffnen und schließen die Gaswechselventile. Bei Motoren mit nur einer Nockenwelle überträgt ein Hebelmechanismus die Hubbewegung der Nocken auf die Gaswechselventile. Die Steuerzeiten geben die Schließ- und Öffnungszeiten der Ventile bezogen auf die Kurbelwellenstellung an (Bild 4). Sie werden deshalb in „Grad Kurbelwellenwinkel" angegeben.

Die Kurbelwelle treibt die Nockenwelle über einen Zahnriemen (bzw. eine Kette oder Zahnräder) an. Ein Arbeitsspiel umfasst beim Viertakt-Verfahren zwei Kurbelwellenumdrehungen. Die Nockenwellendrehzahl ist deshalb nur halb so groß wie die Kurbelwellendrehzahl. Das Untersetzungsverhältnis zwischen Kurbel- und Nockenwelle beträgt somit 2:1.

Beim Übergang zwischen Ausstoß- und Ansaugtakt sind über einen bestimmten Bereich Auslass- und Einlassventil gleichzeitig geöffnet. Durch diese Ventilüberschneidung wird das restliche Abgas ausgespült und gleichzeitig der Zylinder gekühlt.

Verdichtung (Kompression)

Aus dem Hubraum V_h und dem Kompressionsvolumen V_c eines Kolbens ergibt sich das Verdichtungsverhältnis ε:

$$\varepsilon = \frac{V_h + V_c}{V_c}$$

Die Verdichtung des Motors hat entscheidenden Einfluss auf
- das Kaltstartverhalten,
- das erzeugte Drehmoment,
- den Kraftstoffverbrauch,
- die Geräuschemissionen und
- die Schadstoffemissionen.

Das Verdichtungsverhältnis ε beträgt bei Dieselmotoren für Pkw und Nkw je nach Motorbauweise und Einspritzart $\varepsilon = 16{:}1\ldots24{:}1$. Die Verdichtung liegt also höher als beim Ottomotor ($\varepsilon = 7{:}1\ldots13{:}1$). Aufgrund der begrenzten Klopffestigkeit des Benzins würde sich bei diesem das Luft-Kraftstoff-Gemisch bei hohem Kompressionsdruck und der sich daraus ergebenden hohen Brennraumtemperatur selbstständig und unkontrolliert entzünden.

Die Luft wird im Dieselmotor auf 30...50 bar (Saugmotor) bzw. 70...150 bar (aufgeladener Motor) verdichtet. Dabei entstehen Temperaturen im Bereich von 700...900 °C (Bild 3). Die Zündtemperatur für die am leichtesten entflammbaren Komponenten im Dieselkraftstoff beträgt etwa 250 °C.

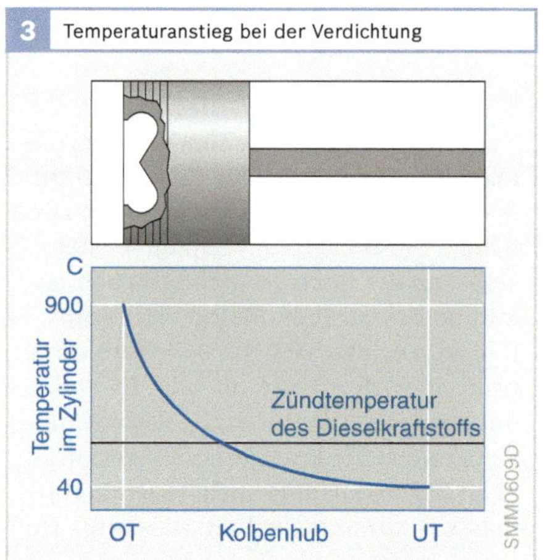

Bild 3
OT oberer Totpunkt des Kolbens
UT unterer Totpunkt des Kolbens

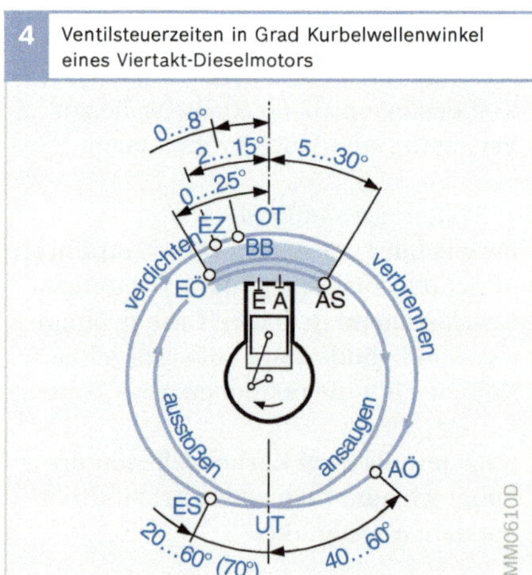

Bild 4
AÖ Auslass öffnet
AS Auslass schließt
BB Brennbeginn
EÖ Einlass öffnet
ES Einlass schließt
EZ Einspritzzeitpunkt
OT oberer Totpunkt des Kolbens
UT unterer Totpunkt des Kolbens

■ Ventilüberschneidung

Drehmoment und Leistung

Drehmoment

Die Pleuelstange setzt die Hubbewegung des Kolbens in eine Rotationsbewegung der Kurbelwelle um. Die Kraft, mit der das expandierende Luft-Kraftstoff-Gemisch den Kolben nach unten treibt, wird so über den Hebelarm der Kurbelwelle in ein Drehmoment umgesetzt.

Das vom Motor abgegebene Drehmoment M hängt vom Mitteldruck p_e (mittlerer Kolben- bzw. Arbeitsdruck) ab. Es gilt:

$$M = p_e \cdot V_H / (4 \cdot \pi)$$

mit
V_H Hubraum des Motors und $\pi \approx 3{,}14$.

Der Mitteldruck erreicht bei aufgeladenen kleinen Dieselmotoren für Pkw Werte von 8…22 bar. Zum Vergleich: Ottomotoren erreichen Werte von 7…11 bar.

Das maximal erreichbare Drehmoment M_{max}, das der Motor liefern kann, ist durch die Konstruktion des Motors bestimmt (Größe des Hubraums, Aufladung usw.). Die Anpassung des Drehmoments an die Erfordernisse des Fahrbetriebs erfolgt im Wesentlichen durch die Veränderung der Luft- und Kraftstoffmasse sowie durch die Gemischbildung.

Das Drehmoment nimmt mit steigender Drehzahl n bis zum maximalen Drehmoment M_{max} zu (Bild 1). Mit höheren Drehzahlen fällt das Drehmoment wieder ab (maximal zulässige Motorbeanspruchung, gewünschtes Fahrverhalten, Getriebeauslegung).

Die Entwicklung in der Motortechnik zielt darauf ab, das maximale Drehmoment schon bei niedrigen Drehzahlen im Bereich von weniger als 2000 min⁻¹ bereitzustellen, da in diesem Drehzahlbereich der Kraftstoffverbrauch am günstigsten ist und die Fahrbarkeit als angenehm empfunden wird (gutes Anfahrverhalten).

Leistung

Die vom Motor abgegebene Leistung P (erzeugte Arbeit pro Zeit) hängt vom Drehmoment M und der Motordrehzahl n ab. Die Motorleistung steigt mit der Drehzahl, bis sie bei der Nenndrehzahl n_{nenn} mit der Nennleistung P_{nenn} ihren Höchstwert erreicht. Es gilt der Zusammenhang:

$$P = 2 \cdot \pi \cdot n \cdot M$$

Bild 1a zeigt den Vergleich von Dieselmotoren der Baujahre 1968 und 1998 mit ihrem typischen Leistungsverlauf in Abhängigkeit von der Motordrehzahl.

Aufgrund der niedrigeren Maximaldrehzahlen haben Dieselmotoren eine geringere hubraumbezogenen Leistung als Ottomotoren. Moderne Dieselmotoren für Pkw erreichen Nenndrehzahlen von 3500…5000 min⁻¹.

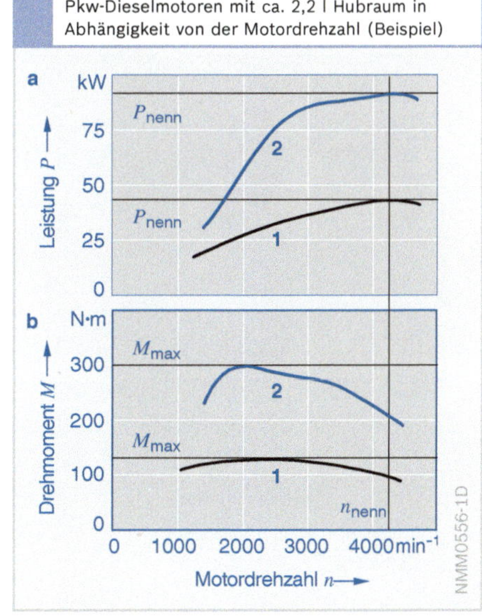

1 Drehmoment- und Leistungsverlauf zweier Pkw-Dieselmotoren mit ca. 2,2 l Hubraum in Abhängigkeit von der Motordrehzahl (Beispiel)

a Leistungsverlauf
b Drehmomentverlauf

Bild 1
a Leistungsverlauf
b Drehmomentverlauf

1 Baujahr 1968
2 Baujahr 1998

M_{max} maximales Drehmoment
P_{nenn} Nennleistung
n_{nenn} Nenndrehzahl

Motorwirkungsgrad

Der Verbrennungsmotor verrichtet Arbeit durch Druck-Volumen-Änderungen eines Arbeitsgases (Zylinderfüllung).

Der effektive Wirkungsgrad des Motors ist das Verhältnis aus eingesetzter Energie (Kraftstoff) und nutzbarer Arbeit. Er ergibt sich aus dem thermischen Wirkungsgrad eines idealen Arbeitsprozesses (Seiliger-Prozess) und den Verlustanteilen des realen Prozesses.

Seiliger-Prozess

Der Seiliger-Prozess kann als thermodynamischer Vergleichsprozess für den Hubkolbenmotor herangezogen werden und beschreibt die unter Idealbedingungen theoretisch nutzbare Arbeit. Für diesen idealen Prozess werden folgende Vereinfachungen angenommen:
▶ ideales Gas als Arbeitsmedium
▶ Gas mit konstanter spezifischer Wärme,
▶ keine Strömungsverluste beim Gaswechsel.

Der Zustand des Arbeitsgases kann durch die Angabe von Druck (p) und Volumen (V) beschrieben werden. Die Zustandsänderungen werden im p-V-Diagramm (Bild 1) dargestellt, wobei die eingeschlossene Fläche der Arbeit entspricht, die in einem Arbeitsspiel verrichtet wird.

Im Seiliger-Prozess laufen folgende Prozess-Schritte ab:

Isentrope Kompression (1-2)
Bei der isentropen Kompression (Verdichtung bei konstanter Entropie, d. h. ohne Wärmeaustausch) nimmt der Druck im Zylinder zu, während das Volumen abnimmt.

Isochore Wärmezufuhr (2-3)
Das Gemisch beginnt zu verbrennen. Die Wärmezufuhr (q_{BV}) erfolgt bei konstantem Volumen (isochor). Der Druck nimmt dabei zu.

Isobare Wärmezufuhr (3-3′)
Die weitere Wärmezufuhr (q_{Bp}) erfolgt bei konstantem Druck (isobar), während sich der Kolben abwärts bewegt und das Volumen zunimmt.

Isentrope Expansion (3′-4)
Der Kolben geht weiter zum unteren Totpunkt. Es findet kein Wärmeaustausch mehr statt. Der Druck nimmt ab, während das Volumen zunimmt.

Isochore Wärmeabfuhr (4-1)
Beim Gaswechsel wird die Restwärme ausgestoßen (q_A). Dies geschieht bei konstantem Volumen (unendlich schnell und vollständig). Damit ist der Ausgangszustand wieder erreicht und ein neuer Arbeitszyklus beginnt.

p-V-Diagramm des realen Prozesses
Um die beim realen Prozess geleistete Arbeit zu ermitteln, wird der Zylinderdruckverlauf gemessen und im p-V-Diagramm dargestellt (Bild 2). Die Fläche der oberen

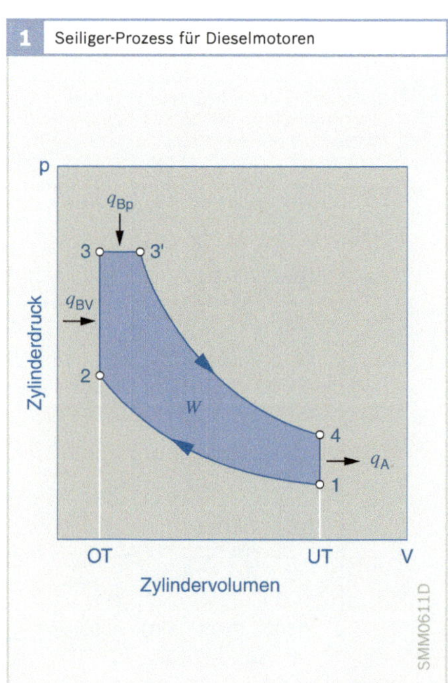

2 Realer Prozess eines aufgeladenen Dieselmotors im p-V-Indikator-Diagramm (aufgenommen mit Drucksensor)

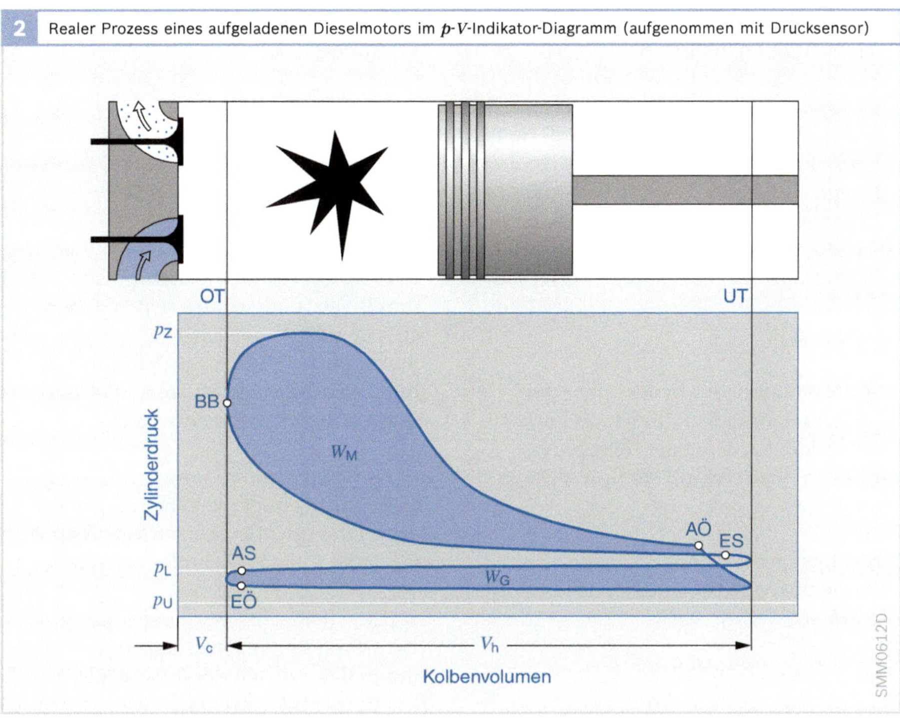

Bild 2
AÖ Auslass öffnet
AS Auslass schließt
BB Brennbeginn
EÖ Einlass öffnet
ES Einlass schließt
OT oberer Totpunkt
    des Kolbens
UT unterer Totpunkt
    des Kolbens

p_U Umgebungsdruck
p_L Ladedruck
p_Z maximaler
    Zylinderdruck
V_c Kompressions-
    volumen
V_h Hubvolumen
W_M indizierte Arbeit
W_G Arbeit beim Gas-
    wechsel (Lader)

3 Druckverlauf eines aufgeladenen Dieselmotors im Druck-Kurbelwellen-Diagramm (p-α-Diagramm)

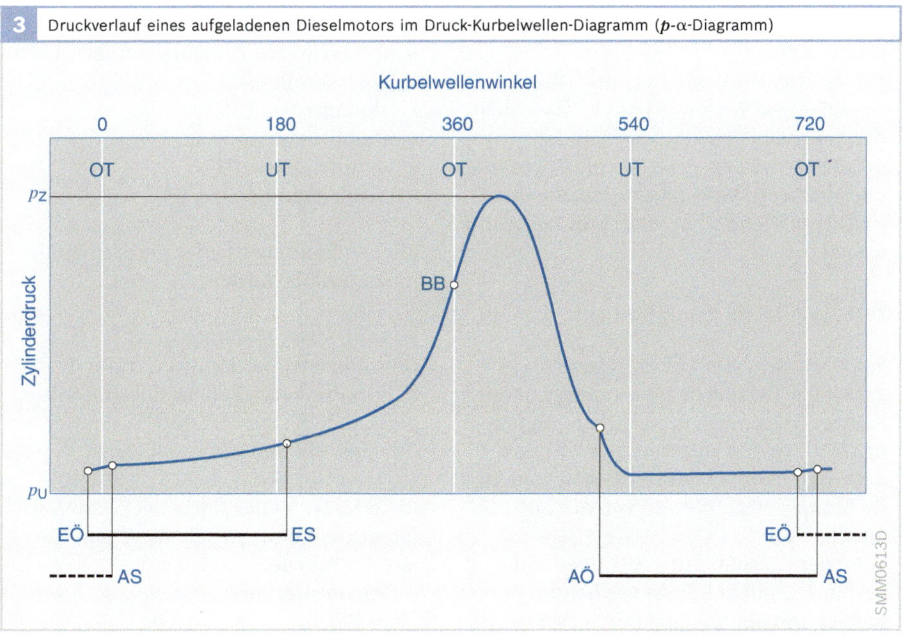

Bild 3
AÖ Auslass öffnet
AS Auslass schließt
BB Brennbeginn
EÖ Einlass öffnet
ES Einlass schließt
OT oberer Totpunkt
    des Kolbens
UT unterer Totpunkt
    des Kolbens

p_U Umgebungsdruck
p_L Ladedruck
p_Z maximaler
    Zylinderdruck

Kurve entspricht der am Zylinderkolben anstehenden Arbeit.

Hierzu muss bei Ladermotoren die Fläche des Gaswechsels (W_G) addiert werden, da die durch den Lader komprimierte Luft den Kolben in Richtung unteren Totpunkt drückt.

Die durch den Gaswechsel verursachten Verluste werden in vielen Betriebspunkten durch den Lader überkompensiert, sodass sich ein positiver Beitrag zur geleisteten Arbeit ergibt.

Die Darstellung des Drucks über dem Kurbelwellenwinkel (Bild 3, vorherige Seite) findet z. B. bei der thermodynamischen Druckverlaufsanalyse Verwendung.

Wirkungsgrad

Der effektive Wirkungsgrad des Dieselmotors ist definiert als:

$$\eta_e = \frac{W_e}{W_B}$$

W_e ist die an der Kurbelwelle effektiv verfügbare Arbeit.
W_B ist der Heizwert des zugeführten Brennstoffs.

Der effektive Wirkungsgrad η_e lässt sich darstellen als Produkt aus dem thermischen Wirkungsgrad des Idealprozesses und weiteren Wirkungsgraden, die den Einflüssen des realen Prozesses Rechnung tragen:

$$\eta_e = \eta_{th} \cdot \eta_g \cdot \eta_b \cdot \eta_m = \eta_i \cdot \eta_m$$

η_{th}: Thermischer Wirkungsgrad

η_{th} ist der thermische Wirkungsgrad des Seiliger-Prozesses. Er berücksichtigt die im Idealprozess auftretenden Wärmeverluste und hängt im Wesentlichen vom Verdichtungsverhältnis und von der Luftzahl ab.

Da der Dieselmotor gegenüber dem Ottomotor mit höherem Verdichtungsverhältnis und mit hohem Luftüberschuss be-

trieben wird, erreicht er einen höheren Wirkungsgrad.

η_g: Gütegrad

η_g gibt die im realen Hochdruck-Arbeitsprozess erzeugte Arbeit im Verhältnis zur theoretischen Arbeit des Seiliger-Prozesses an.

Die Abweichungen des realen vom idealen Prozess ergeben sich im Wesentlichen durch Verwenden eines realen Arbeitsgases, endliche Geschwindigkeit der Wärmezu- und -abfuhr, Lage der Wärmezufuhr, Wandwärmeverluste und Strömungsverluste beim Ladungswechsel.

η_b: Brennstoffumsetzungsgrad

η_b berücksichtigt die Verluste, die aufgrund der unvollständigen Verbrennung des Kraftstoffs im Zylinder auftreten.

η_m: Mechanischer Wirkungsgrad

η_m erfasst Reibungsverluste und Verluste durch den Antrieb der Nebenaggregate. Die Reib- und Antriebsverluste steigen mit der Motordrehzahl an. Die Reibungsverluste setzen sich bei Nenndrehzahl wie folgt zusammen:
- Kolben und Kolbenringe (ca. 50),
- Lager (ca. 20 %),
- Ölpumpe (ca. 10 %),
- Kühlmittelpumpe (ca. 5 %),
- Ventiltrieb (ca. 10 %),
- Einspritzpumpe (ca. 5 %).

Ein mechanischer Lader muss ebenfalls hinzugezählt werden.

η_i: Indizierter Wirkungsgrad

Der indizierte Wirkungsgrad gibt das Verhältnis der am Zylinderkolben anstehenden, „indizierten" Arbeit W_i zum Heizwert des eingesetzten Kraftstoffs an.

Die effektiv an der Kurbelwelle zur Verfügung stehende Arbeit W_e ergibt sich aus der indizierten Arbeit durch Berücksichtigung der mechanischen Verluste:
$W_e = W_i \cdot \eta_m$.

Betriebszustände

Start

Das Starten eines Motors umfasst die Vorgänge: Anlassen, Zünden und Hochlaufen bis zum Selbstlauf.

Die im Verdichtungshub erhitzte Luft muss den eingespritzten Kraftstoff zünden (Brennbeginn). Die erforderliche Mindestzündtemperatur für Dieselkraftstoff beträgt ca. 250 °C.

Diese Temperatur muss auch unter ungünstigen Bedingungen erreicht werden. Niedrige Drehzahl, tiefe Außentemperaturen und ein kalter Motor führen zu verhältnismäßig niedriger Kompressions-Endtemperatur, denn:

- Je niedriger die Motordrehzahl, umso geringer ist der Enddruck der Kompression und dementsprechend auch die Endtemperatur (Bild 1). Die Ursache dafür sind Leckageverluste, die an den Kolbenringspalten zwischen Kolben und Zylinderwand auftreten, wegen anfänglich noch fehlender Wärmedehnung sowie des noch nicht ausgebildeten Ölfilms.

Das Maximum der Kompressionstemperatur liegt wegen der Wärmeverluste während der Verdichtung um einige Grad vor OT (thermodynamischer Verlustwinkel, Bild 2).

- Bei kaltem Motor ergeben sich während des Verdichtungstakts größere Wärmeverluste über die Brennraumoberfläche. Bei Kammermotoren (IDI) sind diese Verluste wegen der größeren Oberfläche besonders hoch.
- Die Triebwerkreibung ist bei niederen Temperaturen aufgrund der höheren Motorölviskosität höher als bei Betriebstemperatur. Dadurch und auch wegen niedriger Batteriespannung werden nur relativ kleine Starterdrehzahlen erreicht.
- Bei Kälte ist die Starterdrehzahl wegen der absinkenden Batteriespannung besonders niedrig.

Um während der Startphase die Temperatur im Zylinder zu erhöhen, werden folgende Maßnahmen ergriffen:

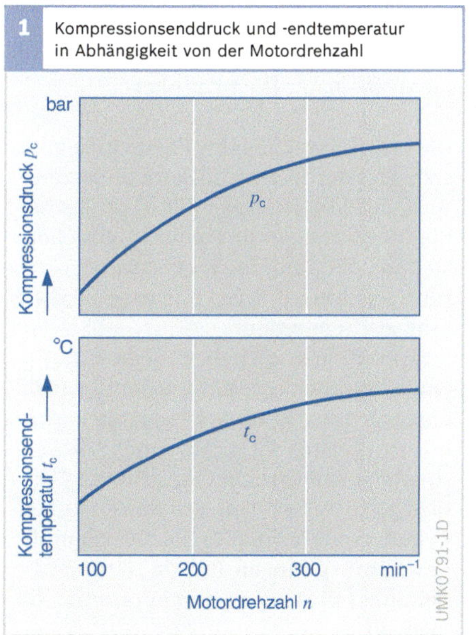

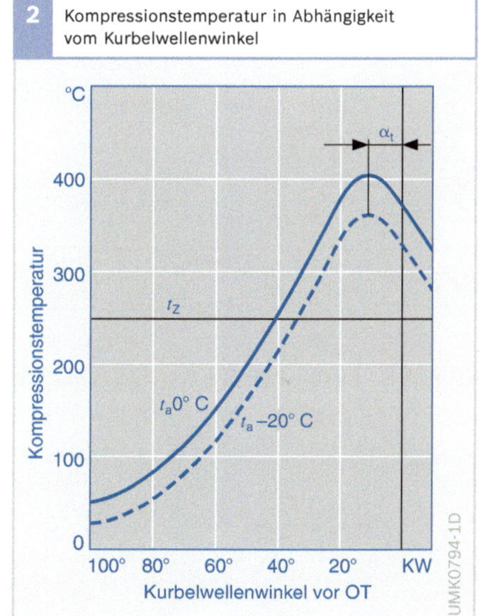

Bild 2
t_a Außentemperatur
t_Z Zündtemperatur des Dieselkraftstoffs
α_T thermodynamischer Verlustwinkel

$n \approx 200$ min⁻¹

Kraftstoffaufheizung

Mit einer Filter- oder direkten Kraftstoff-
aufheizung (Bild 3) kann das Ausscheiden
von Paraffin-Kristallen bei niedrigen
Temperaturen (in der Startphase und
bei niedrigen Außentemperaturen) vermieden werden.

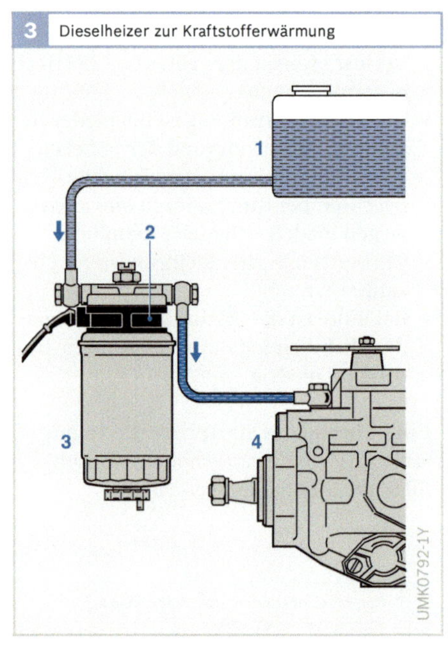

Bild 3
1 Kraftstoffbehälter
2 Dieselheizer
3 Kraftstofffilter
4 Einspritzpumpe

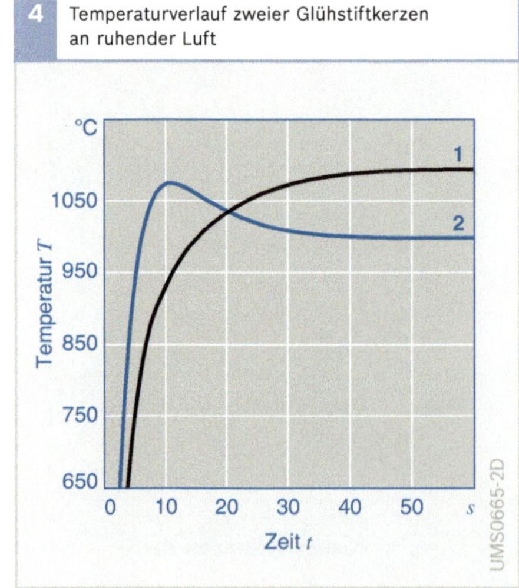

Bild 4
Regelwendelmaterial:
1 Nickel (herkömm-
   liche Glühstiftkerze
   S-RSK)
2 CoFe-Legierung
   (Glühkerze der
   Generation GLP2)

Starthilfesysteme

Bei Direkteinspritzmotoren (DI) für Pkw
und bei Kammermotoren (IDI) generell
wird in der Startphase das Luft-Kraftstoff-
Gemisch im Brennraum (bzw. in der Vor-
oder Wirbelkammer) durch Glühstiftker-
zen erwärmt. Bei Direkteinspritzmotoren
für Nkw wird die Ansaugluft vorgewärmt.
Beide Starthilfesysteme dienen der Verbesserung der Kraftstoffverdampfung und
Gemischaufbereitung und somit dem si-
cheren Entflammen des Luft-Kraftstoff-
Gemischs.

Glühkerzen neuerer Generation benötigen nur eine Vorglühdauer von wenigen
Sekunden (Bild 4) und ermöglichen so
einen schnellen Start. Die niedrigere
Nachglühtemperatur erlaubt zudem län-
gere Nachglühzeiten. Dies reduziert sowohl die Schadstoff- als auch die Geräuschemissionen in der Warmlaufphase des
Motors.

Einspritzanpassung

Eine Maßnahme zur Startunterstützung
ist die Zugabe einer Kraftstoff-Startmehr-
menge zur Kompensation von Konden-
sations- und Leckverlusten des kalten
Motors und zur Erhöhung des Motordreh-
moments in der Hochlaufphase.

Die Frühverstellung des Einspritzbeginns
während der Warmlaufphase dient zum
Ausgleich des längeren Zündverzugs bei
niedrigen Temperaturen und zur Sicher-
stellung der Zündung im Bereich des oberen Totpunkts, d. h. bei höchster Verdich-
tungsendtemperatur.
   Der optimale Spritzbeginn muss mit
enger Toleranz erreicht werden. Zu früh
eingespritzter Kraftstoff hat aufgrund des
noch zu geringen Zylinderinnendrucks
(Kompressionsdruck) eine größere Ein-
dringtiefe und schlägt sich an den kalten
Zylinderwänden nieder. Dort verdampft
er nur zum geringen Teil, da zu diesem
Zeitpunkt die Ladungstemperatur noch
niedrig ist.

Bei zu spät eingespritztem Kraftstoff erfolgt die Zündung erst im Expansionshub, und der Kolben wird nur noch wenig beschleunigt oder es kommt zu Verbrennungsaussetzern.

Nulllast

Nulllast bezeichnet alle Betriebszustände des Motors, bei denen der Motor nur seine innere Reibung überwindet. Er gibt kein Drehmoment ab. Die Fahrpedalstellung kann beliebig sein. Alle Drehzahlbereiche bis hin zur Abregeldrehzahl sind möglich.

Leerlauf

Leerlauf bezeichnet die unterste Nulllastdrehzahl. Das Fahrpedal ist dabei nicht betätigt. Der Motor gibt kein Drehmoment ab, er überwindet nur die innere Reibung. In einigen Quellen wird der gesamte Nulllastbereich als Leerlauf bezeichnet. Die obere Nulllastdrehzahl (Abregeldrehzahl) wird dann obere Leerlaufdrehzahl genannt.

Volllast

Bei Volllast ist das Fahrpedal ganz durchgetreten oder die Volllastmengenbegrenzung wird betriebspunktabhängig von der Motorsteuerung geregelt. Die maximal mögliche Kraftstoffmenge wird eingespritzt und der Motor gibt stationär sein maximal mögliches Drehmoment ab. Instationär (ladedruckbegrenzt) gibt der Motor das mit der zur Verfügung stehenden Luft maximal mögliche (niedrigere) Volllast-Drehmoment ab. Alle Drehzahlbereiche von der Leerlaufdrehzahl bis zur Nenndrehzahl sind möglich.

Teillast

Teillast umfasst alle Bereiche zwischen Nulllast und Volllast. Der Motor gibt ein Drehmoment zwischen Null und dem maximal möglichen Drehmoment ab.

Unterer Teillastbereich

In diesem Betriebsbereich sind die Verbrauchswerte im Vergleich zum Ottomotor besonders günstig. Das früher beanstandete „nageln" - besonders bei kaltem Motor - tritt bei Dieselmotoren mit Voreinspritzung praktisch nicht mehr auf.

Die Kompressions-Endtemperatur wird bei niedriger Drehzahl - wie im Abschnitt „Start" beschrieben - und kleiner Last geringer. Im Vergleich zur Volllast ist der Brennraum relativ kalt (auch bei betriebswarmem Motor), da die Energiezufuhr und damit die Temperaturen gering sind. Nach einem Kaltstart erfolgt die Aufheizung des Brennraums bei unterer Teillast nur langsam. Dies trifft insbesondere für Vor- und Wirbelkammermotoren zu, weil bei diesen die Wärmeverluste aufgrund der großen Oberfläche besonders hoch sind.

Bei kleiner Last und bei der Voreinspritzung werden nur wenige mm^3 Kraftstoff pro Einspritzung zugemessen. In diesem Fall werden besonders hohe Anforderungen an die Genauigkeit von Einspritzbeginn und Einspritzmenge gestellt. Ähnlich wie beim Start entsteht die benötigte Verbrennungstemperatur auch bei Leerlaufdrehzahl nur in einem kleinen Kolbenhubbereich bei OT. Der Spritzbeginn ist hierauf sehr genau abgestimmt.

Während der Zündverzugsphase darf nur wenig Kraftstoff eingespritzt werden, da zum Zündzeitpunkt die im Brennraum vorhandene Kraftstoffmenge über den plötzlichen Druckanstieg im Zylinder entscheidet. Je höher dieser ist, umso lauter wird das Verbrennungsgeräusch. Eine Voreinspritzung von ca. 1 mm^3 (für Pkw) macht den Zündverzug der Haupteinsprit-

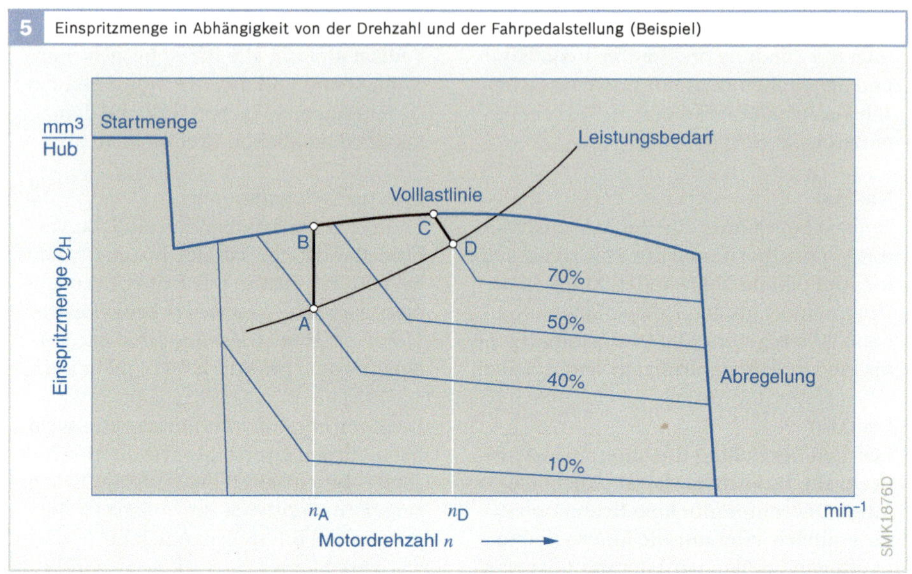

zung fast zu Null und verringert damit wesentlich das Verbrennungsgeräusch.

Schubbetrieb

Im Schubbetrieb wir der Motor von außen über den Triebstrang angetrieben (z. B. bei Bergabfahrt). Es wird kein Kraftstoff eingespritzt (Schubabschaltung).

Stationärer Betrieb

Das vom Motor abgegebene Drehmoment entspricht dem über die Fahrpedalstellung angeforderten Drehmoment. Die Drehzahl bleibt konstant.

Instationärer Betrieb

Das vom Motor abgegebene Drehmoment entspricht nicht dem geforderten Drehmoment. Die Drehzahl verändert sich.

Übergang zwischen den Betriebszuständen

Ändert sich die Last, die Motordrehzahl oder die Fahrpedalstellung, verändert der Motor seinen Betriebszustand (z. B. Motordrehzahl, Drehmoment).

Das Verhalten eines Motors kann mit Kennfeldern beschrieben werden. Das Kennfeld in Bild 5 zeigt an einem Beispiel, wie sich die Motordrehzahl ändert, wenn die Fahrpedalstellung von 40 % auf 70 % verändert wird. Ausgehend vom Betriebspunkt A wird über die Volllast (B – C) der neue Teillast-Betriebspunkt D erreicht. Dort sind der Leistungsbedarf und die vom Motor abgegebene Leistung gleich. Die Drehzahl erhöht sich dabei von n_A auf n_D.

Betriebsbedingungen

Der Kraftstoff wird beim Dieselmotor
direkt in die hochverdichtete, heiße Luft
eingespritzt, an der er sich selbst entzündet. Der Dieselmotor ist daher und wegen
des heterogenen Luft-Kraftstoff-Gemischs
- im Gegensatz zum Ottomotor - nicht an
Zündgrenzen (d. h. bestimmte Luftzahlen
λ) gebunden. Deshalb wird die Motorleistung bei konstanter Luftmenge im Motorzylinder nur über die Kraftstoffmenge geregelt.

Das Einspritzsystem muss die Dosierung
des Kraftstoffs und die gleichmäßige Verteilung in der ganzen Ladung übernehmen
- und dies bei allen Drehzahlen und Lasten
sowie abhängig von Druck und Temperatur der Ansaugluft.

Jeder Betriebspunkt benötigt somit
▸ die richtige Kraftstoffmenge,
▸ zur richtigen Zeit,
▸ mit dem richtigen Druck,
▸ im richtigen zeitlichen Verlauf und
▸ an der richtigen Stelle des Brennraums.

Bei der Kraftstoffdosierung müssen zu-
sätzlich zu den Forderungen für die opti-
male Gemischbildung auch Betriebsgren-
zen berücksichtigt werden wie z. B.:
▸ Schadstoffgrenzen (z. B. Rauchgrenze),
▸ Verbrennungsspitzendruckgrenze,
▸ Abgastemperaturgrenze,
▸ Drehzahl- und Volllastgrenze
▸ fahrzeug- und gehäusespezifische
  Belastungsgrenzen und
▸ Höhen-/Ladedruckgrenzen.

Rauchgrenze

Der Gesetzgeber schreibt Grenzwerte u. a.
für die Partikelemissionen und die Abgas-
trübung vor. Da die Gemischbildung
zum großen Teil erst während der Verbrennung abläuft, kommt es zu örtlichen
Überfettungen und damit zum Teil auch
bei mittlerem Luftüberschuss zu einem
Anstieg der Emission von Rußpartikeln.
Das an der gesetzlich festgelegten Volllast-
Rauchgrenze fahrbare Luft-Kraftstoff-Ver-
hältnis ist ein Maß für die Güte der Luftausnutzung.

Verbrennungsdruckgrenze

Während des Zündvorgangs verbrennt
der teilweise verdampfte und mit der Luft
vermischte Kraftstoff bei hoher Verdichtung mit hoher Geschwindigkeit und einer
hohen ersten Wärmefreisetzungsspitze.

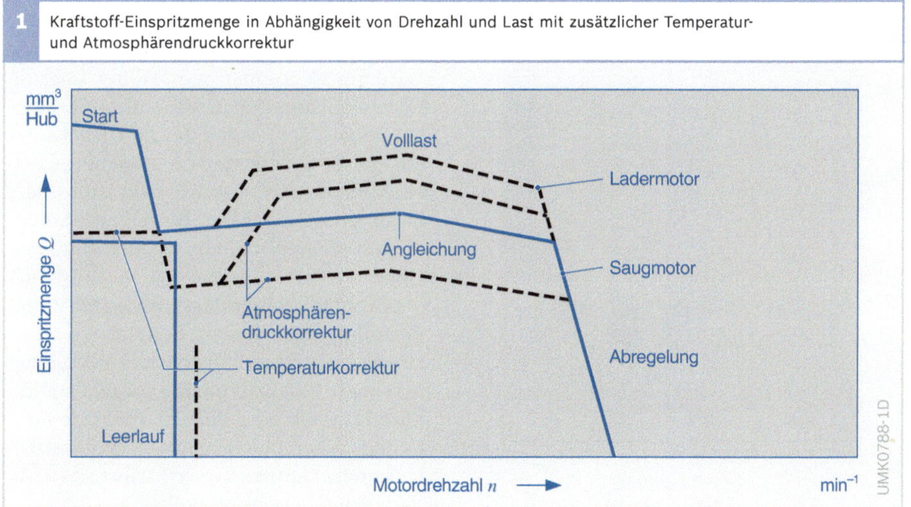

1 Kraftstoff-Einspritzmenge in Abhängigkeit von Drehzahl und Last mit zusätzlicher Temperatur- und Atmosphärendruckkorrektur

Man spricht daher von einer „harten" Verbrennung. Dabei entstehen hohe Verbrennungsspitzendrücke, und die auftretenden Kräfte bewirken periodisch wechselnde Belastungen der Motorbauteile. Dimensionierung und Dauerhaltbarkeit der Motor- und Antriebsstrangkomponenten begrenzen somit den zulässigen Verbrennungsdruck und damit die Einspritzmenge. Dem schlagartigen Anstieg des Verbrennungsdrucks wird meist durch Voreinspritzung entgegengewirkt.

Abgastemperaturgrenze

Eine hohe thermische Beanspruchung der den heißen Brennraum umgebenden Motorbauteile, die Wärmefestigkeit der Auslassventile sowie der Abgasanlage und des Zylinderkopfs bestimmen die Abgastemperaturgrenze eines Dieselmotors.

Drehzahlgrenzen

Wegen des vorhandenen Luftüberschusses beim Dieselmotor hängt die Leistung bei konstanter Drehzahl im Wesentlichen von der Einspritzmenge ab. Wird dem Dieselmotor Kraftstoff zugeführt, ohne dass ein entsprechendes Drehmoment abgenommen wird, steigt die Motordrehzahl. Wird die Kraftstoffzufuhr vor dem Überschreiten einer kritischen Motordrehzahl nicht reduziert, „geht der Motor durch", d. h., er kann sich selbst zerstören. Eine Drehzahlbegrenzung bzw. -regelung ist deshalb beim Dieselmotor zwingend erforderlich.

Beim Dieselmotor als Antrieb von Straßenfahrzeugen muss die Drehzahl über das Fahrpedal vom Fahrer frei wählbar sein. Bei Belastung des Motors oder Loslassen des Fahrpedals darf die Motordrehzahl nicht unter die Leerlaufgrenze bis zum Stillstand abfallen. Dazu wird ein Leerlauf- und Enddrehzahlregler eingesetzt. Der dazwischen liegende Drehzahlbereich wird über die Fahrpedalstellung geregelt.Vom Dieselmotor als Maschinenantrieb erwartet man, dass auch unabhängig von der Last eine bestimmte Drehzahl konstant gehalten wird bzw. in zulässigen Grenzen bleibt. Dazu werden Alldrehzahlregler eingesetzt, die über den gesamten Drehzahlbereich regeln.

Für den Betriebsbereich eines Motors lässt sich ein Kennfeld festlegen. Dieses Kennfeld (Bild 1, vorherige Seite) zeigt die Kraftstoffmenge in Abhängigkeit von Drehzahl und Last sowie die erforderlichen Temperatur- und Luftdruckkorrekturen.

Höhen-/Ladedruckgrenzen

Die Auslegung der Einspritzmengen erfolgt üblicherweise für Meereshöhe (NN). Wird der Motor in großen Höhen über NN betrieben, muss die Kraftstoffmenge entsprechend dem Abfall des Luftdrucks angepasst werden, um die Rauchgrenze einzuhalten. Als Richtwert gilt nach der barometrischen Höhenformel eine Luftdichteverringerung von 7 % pro 1000 m Höhe.

Bei aufgeladenen Motoren ist die Zylinderfüllung im dynamischen Betrieb oft geringer als im stationären Betrieb. Da die maximale Einspritzmenge auf den stationären Betrieb ausgelegt ist, muss sie im dynamischen Betrieb entsprechend der geringeren Luftmenge reduziert werden (ladedruckbegrenzte Volllast).

2 Entwicklung von Dieselmotoren eines Mittelklasse-Pkw

Einspritzsystem

Die Niederdruck-Kraftstoffversorgung fördert den Kraftstoff aus dem Tank und stellt ihn dem Einspritzsystem mit einem bestimmten Versorgungsdruck zur Verfügung. Die Einspritzpumpe erzeugt den für die Einspritzung erforderlichen Kraftstoffdruck. Der Kraftstoff gelangt bei den meisten Systemen über Hochdruckleitungen zur Einspritzdüse und wird mit einem düsenseitigen Druck von 200...2200 bar in den Brennraum eingespritzt.

Die vom Motor abgegebene Leistung, aber auch das Verbrennungsgeräusch und die Zusammensetzung des Abgases werden wesentlich beeinflusst durch die eingespritzte Kraftstoffmasse, den Einspritzzeitpunkt und den Einspritz- bzw. Verbrennungsverlauf.

Bis in die 1980er-Jahre wurde die Einspritzung, d. h. die Einspritzmenge und der Einspritzbeginn, bei Fahrzeugmotoren ausschließlich mechanisch geregelt. Dabei wird die Einspritzmenge über eine Steuerkante am Kolben oder über Schieber je nach Last und Drehzahl variiert. Der Spritzbeginn wird bei mechanischer Regelung über Fliehgewichtsregler oder hydraulisch über Drucksteuerung verstellt.

Heute hat sich – nicht nur im Fahrzeugbereich – die elektronische Regelung weitestgehend durchgesetzt. Die Elektronische Dieselregelung (EDC, Electronic Diesel Control) berücksichtigt bei der Berechnung der Einspritzung verschiedene Größen wie Motordrehzahl, Last, Temperatur, geografische Höhe usw. Die Regelung von Einspritzbeginn und -menge erfolgt über Magnetventile und ist wesentlich präziser als die mechanische Regelung.

> ▶ Größenordnungen der Einspritzung

Ein Motor mit 75 kW (102 PS) Leistung und einem spezifischen Kraftstoffverbrauch von 200 g/kWh (Volllast) verbraucht 15 kg Kraftstoff pro Stunde. Bei einem Viertakt-Vierzylindermotor verteilt sich die Menge bei 2400 Umdrehungen pro Minute auf 288 000 Einspritzungen. Daraus ergibt sich pro Einspritzung ein Kraftstoffvolumen von ca. 60 mm³. Im Vergleich dazu weist ein Regentropfen ein Volumen von ca. 30 mm³ auf.

Noch größere Genauigkeit der Dosierung erfordern der Leerlauf mit ca. 5 mm³ Kraftstoff pro Einspritzung und die Voreinspritzung mit nur 1 mm³. Bereits kleinste Abweichungen wirken sich negativ auf die Laufruhe und auf die Geräusch- und Schadstoffemissionen aus.

Die exakte Dosierung muss das Einspritzsystem sowohl für einen Zylinder als auch für die gleichmäßige Verteilung des Kraftstoffs auf die einzelnen Zylinder eines Motors vornehmen. Die Elektronische Dieselregelung (EDC) passt die Einspritzmenge für jeden Zylinder an, um so einen besonders gleichmäßigen Motorlauf zu erzielen.

Brennräume

Die Form des Brennraums ist mit entscheidend für die Güte der Verbrennung und somit für die Leistung und das Abgasverhalten des Dieselmotors. Die Brennraumform kann bei geeigneter Gestaltung mithilfe der Kolbenbewegung Drall-, Quetsch- und Turbulenzströmungen erzeugen, die zur Verteilung des flüssigen Kraftstoffs oder des Luft-Kraftstoffdampf-Strahls im Brennraum genutzt werden.

Folgende Verfahren kommen zur Anwendung:
▸ ungeteilter Brennraum (Direct Injection Engine, DI, Direkteinspritzmotoren) und
▸ geteilter Brennraum (Indirect Injection Engine, IDI, Kammermotoren).

Der Anteil der DI-Motoren nimmt wegen ihres günstigeren Kraftstoffverbrauchs (bis zu 20 % Einsparung) immer mehr zu. Das härtere Verbrennungsgeräusch (vor allem bei der Beschleunigung) kann mit einer Voreinspritzung auf das niedrigere Geräuschniveau von Kammermotoren gebracht werden. Motoren mit geteilten Brennräumen kommen bei Neuentwicklungen kaum mehr in Betracht.

Ungeteilter Brennraum (Direkteinspritzverfahren)

Direkteinspritzmotoren (Bild 1) haben einen höheren Wirkungsgrad und arbeiten wirtschaftlicher als Kammermotoren. Sie kommen daher bei allen Nkw und bei den meisten neueren Pkw zum Einsatz.

Beim Direkteinspritzverfahren wird der Kraftstoff direkt in den im Kolben eingearbeiteten Brennraum (Kolbenmulde, 2) eingespritzt. Die Kraftstoffzerstäubung, -erwärmung, -verdampfung und die Vermischung mit der Luft müssen daher in einer kurzen zeitlichen Abfolge stehen. Dabei werden an die Kraftstoff- und an die Luftzuführung hohe Anforderungen gestellt.

Während des Ansaug- und Verdichtungstakts wird durch die besondere Form des Ansaugkanals im Zylinderkopf ein Luftwirbel im Zylinder erzeugt. Auch die Gestaltung des Brennraums trägt zur Luftbewegung am Ende des Verdichtungshubs (d. h. zu Beginn der Einspritzung) bei. Von den im Lauf der Entwicklung des Dieselmotors angewandten Brennraumformen findet gegenwärtig die ω-Kolbenmulde die breiteste Verwendung.

Neben einer guten Luftverwirbelung muss auch der Kraftstoff räumlich gleichmäßig verteilt zugeführt werden, um eine schnelle Vermischung zu erzielen. Beim Direkteinspritzverfahren kommt eine Mehrlochdüse zur Anwendung, deren Strahllage in Abstimmung mit der Brennraumauslegung optimiert ist. Der Einspritzdruck beim Direkteinspritzverfahren ist sehr hoch (bis zu 2200 bar).

In der Praxis gibt es bei der Direkteinspritzung zwei Methoden:
▸ Unterstützung der Gemischaufbereitung durch gezielte Luftbewegung und
▸ Beeinflussung der Gemischaufbereitung nahezu ausschließlich durch die Kraftstoffeinspritzung unter weitgehendem Verzicht auf eine Luftbewegung.

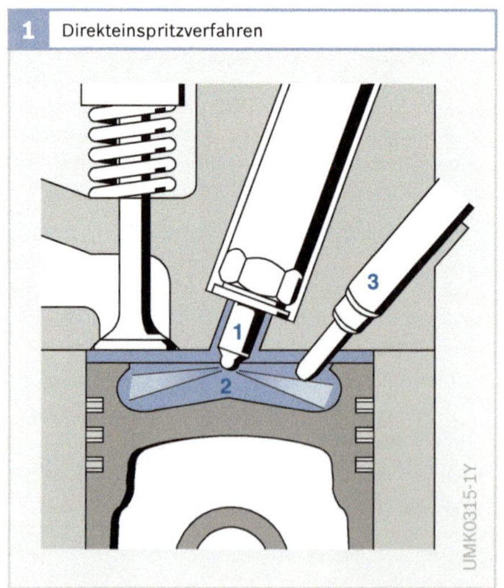

Bild 1
1 Mehrlochdüse
2 ω-Kolbenmulde
3 Glühstiftkerze

Im zweiten Fall ist keine Arbeit für die Luftverwirbelung aufzuwenden, was sich in geringerem Gaswechselverlust und besserer Füllung bemerkbar macht. Gleichzeitig aber bestehen erheblich höhere Anforderungen an die Einspritzausrüstung bezüglich Lage der Einspritzdüse, Anzahl der Düsenlöcher, Feinheit der Zerstäubung (abhängig vom Spritzlochdurchmesser) und Höhe des Einspritzdrucks, um die erforderliche kurze Einspritzdauer und eine gute Gemischbildung zu erreichen.

**Geteilter Brennraum
(indirekte Einspritzung)**
Dieselmotoren mit geteiltem Brennraum (Kammermotoren) hatten lange Zeit Vorteile bei den Geräusch- und Schadstoffemissionen gegenüber den Motoren mit Direkteinspritzung. Sie wurden deshalb bei Pkw und leichten Nkw eingesetzt. Heute arbeiten Direkteinspritzmotoren jedoch durch den hohen Einspritzdruck, die elektronische Dieselregelung und die Voreinspritzung sparsamer als Kammermotoren und mit vergleichbaren Geräuschemissionen. Deshalb kommen Kammermotoren bei Fahrzeugneuentwicklungen nicht mehr zum Einsatz.

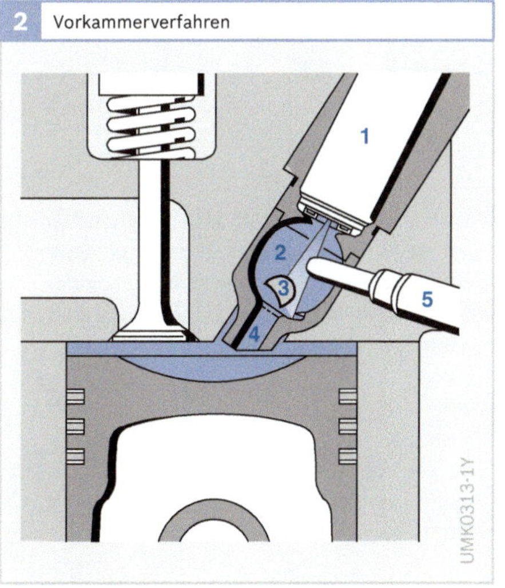

Man unterscheidet zwei Verfahren mit geteiltem Brennraum:
▶ Vorkammerverfahren und
▶ Wirbelkammerverfahren.

Vorkammerverfahren
Beim Vorkammerverfahren wird der Kraftstoff in eine heiße, im Zylinderkopf angebrachte Vorkammer eingespritzt (Bild 2, Pos. 2). Die Einspritzung erfolgt dabei mit einer Zapfendüse (1) unter relativ niedrigem Druck (bis 450 bar). Eine speziell gestaltete Prallfläche (3) in der Kammermitte zerteilt den auftreffenden Strahl und vermischt ihn intensiv mit der Luft.

Die in der Vorkammer einsetzende Verbrennung treibt das teilverbrannte Luft-Kraftstoff-Gemisch durch den Strahlkanal (4) in den Hauptbrennraum. Hier findet während der weiteren Verbrennung eine intensive Vermischung mit der vorhandenen Luft statt. Das Volumenverhältnis zwischen Vorkammer und Hauptbrennraum beträgt etwa 1:2.

Der kurze Zündverzug[1]) und die abgestufte Energiefreisetzung führen zu einer weichen Verbrennung mit niedriger Geräuschentwicklung und Motorbelastung.

Eine geänderte Vorkammerform mit Verdampfungsmulde sowie eine geänderte Form und Lage der Prallfläche (Kugelstift) geben der Luft, die beim Komprimieren aus dem Zylinder in die Vorkammer strömt, einen vorgegebenen Drall. Der Kraftstoff wird unter einem Winkel von 5 Grad zur Vorkammerachse eingespritzt.

Um den Verbrennungsablauf nicht zu stören, sitzt die Glühstiftkerze (5) im „Abwind" des Luftstroms. Ein gesteuertes Nachglühen bis zu 1 Minute nach dem Kaltstart (abhängig von der Kühlwassertemperatur) trägt zur Abgasverbesserung und Geräuschminderung in der Warmlaufphase bei.

[1]) Zeit von Einspritzbeginn bis Zündbeginn

Bild 2
1 Einspritzdüse
2 Vorkammer
3 Prallfläche
4 Strahlkanal
5 Glühstiftkerze

Wirbelkammerverfahren

Bei diesem Verfahren wird die Verbrennung ebenfalls in einem Nebenraum (Wirbelkammer) eingeleitet, der ca. 60 % des Kompressionsvolumens umfasst. Die kugel- oder scheibenförmige Wirbelkammer ist über einen tangential einmündenden Schusskanal mit dem Zylinderraum verbunden (Bild 3, Pos. 2).

Während des Verdichtungstakts wird die über den Schusskanal eintretende Luft in eine Wirbelbewegung versetzt. Der Kraftstoff wird so eingespritzt, dass er den Wirbel senkrecht zu seiner Achse durchdringt und auf der gegenüberliegenden Kammerseite in einer heißen Wandzone auftrifft.

Mit Beginn der Verbrennung wird das Luft-Kraftstoff-Gemisch durch den Schusskanal in den Zylinderraum gedrückt und mit der dort noch vorhandenen restlichen Verbrennungsluft stark verwirbelt. Beim Wirbelkammerverfahren sind die Strömungsverluste zwischen dem Hauptbrennraum und der Nebenkammer geringer als beim Vorkammerverfahren, da der Überströmquerschnitt größer ist. Dies führt zu geringeren Drosselverlusten mit entsprechendem Vorteil für den inneren Wirkungsgrad und den Kraftstoffverbrauch. Das Verbrennungsgeräusch ist jedoch lauter als beim Vorkammerverfahren.

Es ist wichtig, dass die Gemischbildung möglichst vollständig in der Wirbelkammer erfolgt. Die Gestaltung der Wirbelkammer, die Anordnung und Gestalt des Düsenstrahls und auch die Lage der Glühkerze müssen sorgfältig auf den Motor abgestimmt sein, um bei allen Drehzahlen und Lastzuständen eine gute Gemischaufbereitung zu erzielen.

Eine weitere Forderung ist das schnelle Aufheizen der Wirbelkammer nach dem Kaltstart. Damit reduziert sich der Zündverzug und es entstehen geringere Verbrennungsgeräusche und beim Warmlauf keine unverbrannten Kohlenwasserstoffe (Blaurauch) im Abgas.

M-Verfahren

Beim Direkteinspritzverfahren mit Muldenwandanlagerung (M-Verfahren) für Nkw- und Stationärdieselmotoren sowie Vielstoffmotoren spritzt eine Einstrahldüse den Kraftstoff mit geringem Einspritzdruck gezielt auf die Wandung im Brennraum. Hier verdampft er und wird von der Luft abgetragen. So nutzt dieses Verfahren die Wärme der Muldenwand für die Verdampfung des Kraftstoffs. Bei richtiger Abstimmung der Luftbewegung im Brennraum lassen sich sehr homogene Luft-Kraftstoff-Gemische mit langer Brenndauer, geringem Druckanstieg und damit geräuscharmer Verbrennung erzielen. Wegen seines Verbrauchsnachteils gegenüber dem Luft verteilenden Direkteinspritzverfahren wird das M-Verfahren heute nicht mehr eingesetzt.

Ende 1922 begann bei Bosch die Entwicklung eines Einspritzsystems für Dieselmotoren. Die technischen Voraussetzungen waren günstig: Bosch verfügte über Erfahrungen mit Verbrennungsmotoren, die Fertigungstechnik war hoch entwickelt und vor allem konnten Kenntnisse, die man bei der Fertigung von Schmierpumpen gesammelt hatte, eingesetzt werden. Dennoch war dies für Bosch ein großes Wagnis, da es viele Aufgaben zu lösen gab.

1927 wurden die ersten Einspritzpumpen in Serie hergestellt. Die Präzision dieser Pumpen war damals einmalig. Sie waren klein, leicht und ermöglichten höhere Drehzahlen des Dieselmotors. Diese Reiheneinspritzpumpen wurden ab 1932 in Nkw und ab 1936 auch in Pkw eingesetzt. Die Entwicklung des Dieselmotors und der Einspritzanlagen ging seither unaufhörlich weiter.

Im Jahr 1962 gab die von Bosch entwickelte Verteilereinspritzpumpe mit automatischem Spritzversteller dem Dieselmotor neuen Auftrieb. Mehr als zwei Jahrzehnte später folgte die von Bosch in langer Forschungsarbeit zur Serienreife gebrachte elektronische Regelung der Dieseleinspritzung.

Die immer genauere Dosierung kleinster Kraftstoffmengen zum exakt richtigen Zeitpunkt und die Steigerung des Einspritzdrucks ist eine ständige Herausforderung für die Entwickler. Dies führte zu vielen neuen Innovationen bei den Einspritzsystemen (siehe Bild).

In Verbrauch und Ausnutzung des Kraftstoffs ist der Selbstzünder nach wie vor benchmark (d.h., er setzt den Maßstab).

Neue Einspritzsysteme halfen weiteres Potenzial zu heben. Zusätzlich wurden die Motoren ständig leistungsfähiger, während die Geräusch- und Schadstoffemissionen weiter abnahmen!

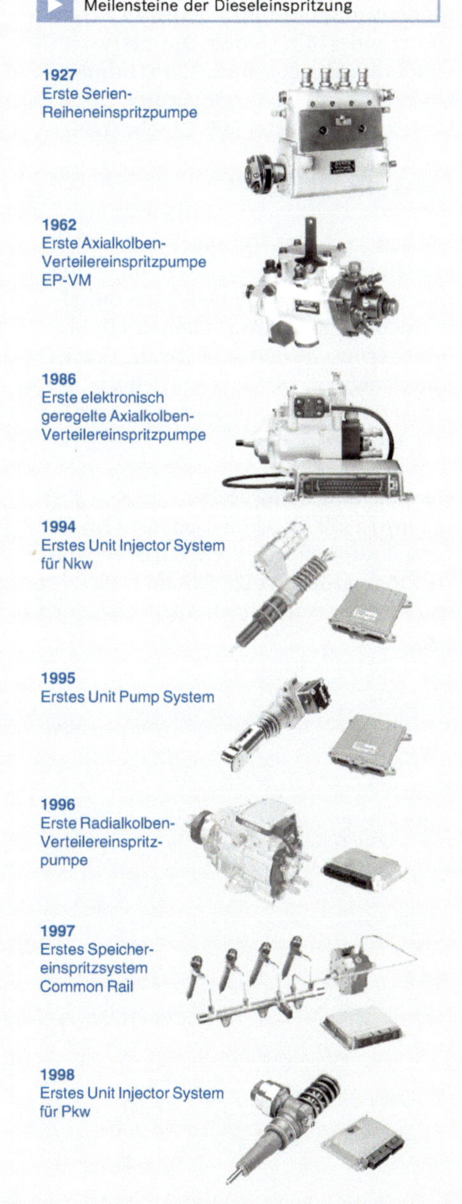

1927
Erste Serien-Reiheneinspritzpumpe

1962
Erste Axialkolben-Verteilereinspritzpumpe EP-VM

1986
Erste elektronisch geregelte Axialkolben-Verteilereinspritzpumpe

1994
Erstes Unit Injector System für Nkw

1995
Erstes Unit Pump System

1996
Erste Radialkolben-Verteilereinspritzpumpe

1997
Erstes Speichereinspritzsystem Common Rail

1998
Erstes Unit Injector System für Pkw

UMK1753D

Kraftstoffe

Dieselkraftstoffe werden durch stufenweise Destillation aus Rohöl gewonnen. Sie bestehen aus einer Vielzahl einzelner Kohlenwasserstoffe, die etwa zwischen 180 °C und 370 °C sieden. Dieselkraftstoff zündet im Mittel mit ca. 350 °C (untere Grenze 220 °C) im Vergleich zum Ottokraftstoff (im Mittel 500 °C) sehr früh.

Dieselkraftstoff

Um den wachsenden Bedarf an Dieselkraftstoffen zu decken, setzen die Raffinerien in zunehmendem Maße den Dieselkraftstoffen auch Konversionsprodukte, d. h. thermische und katalytische Crack-Komponenten, zu. Diese werden aus Schwerölen durch Aufspalten der großen Moleküle gewonnen.

Qualität und Kenngrößen

In Europa gilt als Anforderungsnorm für Dieselkraftstoffe die EN 590. Die wichtigsten Kenngrößen zeigt Tabelle 1. Die Festlegung von Grenzwerten soll dazu dienen, einen reibungslosen Fahrbetrieb sicherzustellen und Schadstoffe zu limitieren.

Andere Staaten und Regionen haben weniger strenge Kraftstoffnormen. Zum Beispiel schreibt die US-Norm für Dieselkraftstoffe ASTM D975 weniger Qualitätskriterien vor und legt Grenzwerte weniger eng fest. Auch die Anforderungen an Kraftstoffe für Schiffs- und Stationärmotoren sind weit geringer.

Dieselkraftstoff mit hoher Qualität zeichnet sich durch folgende Merkmale aus:
- hohe Cetanzahl,
- relativ niedriges Siedeende,
- Dichte und Viskosität mit geringer Streuung,
- niedriger Aromaten- und insbesondere Polyaromatengehalt sowie
- niedriger Schwefelgehalt.

Für eine lange Lebensdauer und gleich bleibende Funktion der Einspritzsysteme sind außerdem besonders wichtig:

1 Europäische Norm EN 590: Ausgewählte Anforderungen an Dieselkraftstoffe (bei klimatisch abhängigen Anforderungen Werte für gemäßigtes Klima)		
Kriterium	**Kenngröße**	**Einheit**
Cetanzahl	≥ 51	–
Cetanindex	≥ 46	–
CFPP[1] in sechs jahreszeitlichen Klassen, max.	+5...−20[2]	°C
Flammpunkt	≥ 55	°C
Dichte bei 15 °C	820...845	kg/m^3
Viskosität bei 40 °C	2,00...4,50	mm^2/s
Schmierfähigkeit	≤ 460	µm (wear scar diameter)
Schwefelgehalt[3]	≤ 350 (bis 31.12.2004); ≤ 50 (schwefelarm, ab 2005 − 2008); ≤ 10 (schwefelfrei, ab 2009)[4]	mg/kg
Wassergehalt	≤ 200	mg/kg
Gesamtverschmutzung	≤ 24	mg/kg
FAME-Gehalt	≤ 5	Vol.-%

[1] Grenzwert der Filtrierbarkeit
[2] wird national festgelegt, für Deutschland 0...−20 °C
[3] In Deutschland wird schwefelfreier Kraftstoff seit 2003 und in der EU ab 2005 flächendeckend angeboten.
[4] EU-Vorschlag

- ▶ gute Schmierfähigkeit,
- ▶ kein freies Wasser und
- ▶ eine Begrenzung der Verschmutzung mit Partikeln

Die wichtigsten Kenngrößen im Einzelnen sind:

Cetanzahl, Cetanindex

Die Cetanzahl (CZ) beschreibt die Zündwilligkeit des Dieselkraftstoffs. Sie liegt umso höher, je leichter sich der Kraftstoff entzündet. Da der Dieselmotor ohne Fremdzündung arbeitet, muss der Kraftstoff nach dem Einspritzen in die heiße, komprimierte Luft im Brennraum nach einer möglichst kurzen Zeit (Zündverzug) die Selbstzündung einleiten.

Dem sehr zündwilligen n-Hexadekan (Cetan) wird die Cetanzahl 100, dem zündträgen Methylnaphthalin die Cetanzahl 0 zugeordnet. Die Cetanzahl eines Dieselkraftstoffs wird im genormten CFR [1])-Einzylinder-Prüfmotor mit variablem Kompressionskolben bestimmt. Bei konstantem Zündverzug wird das Verdichtungsverhältnis ermittelt. Vergleichskraftstoffe aus Cetan und α-Methylnaphthalin (Bild 1) werden mit dem ermittelten Verdichtungsverhältnis betrieben. Das Mischungsverhältnis wird so lange verändert, bis sich der gleiche Zündverzug ergibt. Definitionsgemäß gibt der Cetananteil die Cetanzahl an. Beispiel: Eine Mischung aus 52 % Cetan und 48 % α-Methylnaphthalin hat die Cetanzahl 52.

Für den optimalen Betrieb moderner Motoren (Laufruhe, Schadstoffemission) sind Cetanzahlen größer als 50 wünschenswert. Hochwertige Dieselkraftstoffe enthalten einen hohen Anteil an Paraffinen mit hohen CZ-Werten. Aromaten hingegen reduzieren die Zündwilligkeit.

Eine weitere Kenngröße für die Zündwilligkeit ist der Cetanindex, der sich aus der Dichte des Kraftstoffs und aus Punkten der Siedekennlinie errechnen lässt. Diese rein rechnerische Größe berücksichtigt

nicht den Einfluss von Zündverbesserern auf die Zündwilligkeit. Um das Einstellen der Cetanzahl über Zündverbesserer zu begrenzen, wurden in der EN 590 sowohl die Cetanzahl als auch der Cetanindex in die Anforderungsliste aufgenommen. Kraftstoffe, deren Cetanzahl mit Zündverbesserern erhöht wurde, verhalten sich bei der motorischen Verbrennung anders als Kraftstoffe mit gleich hoher natürlicher Cetanzahl.

Siedebereich

Der Siedebereich des Kraftstoffs, d.h. der Temperaturbereich, in dem der Kraftstoff verdampft, hängt von seiner Zusammensetzung ab.

Ein niedriger Siedebeginn führt zu einem kältegeeigneten Kraftstoff, aber auch zu niedrigen Cetanzahlen und schlechten Schmiereigenschaften. Dadurch erhöht sich die Verschleißgefahr für die Einspritzaggregate.

Liegt hingegen das Siedeende bei hohen Temperaturen, kann dies zu erhöhter Rußbildung und Düsenverkokung führen (Ablagerungsbildung durch chemische Zersetzung schwerflüchtiger Kraftstoffkomponenten an der Düsenkuppe und Anlagerung von Verbrennungsrückständen). Deshalb sollte das Siedeende nicht zu hoch

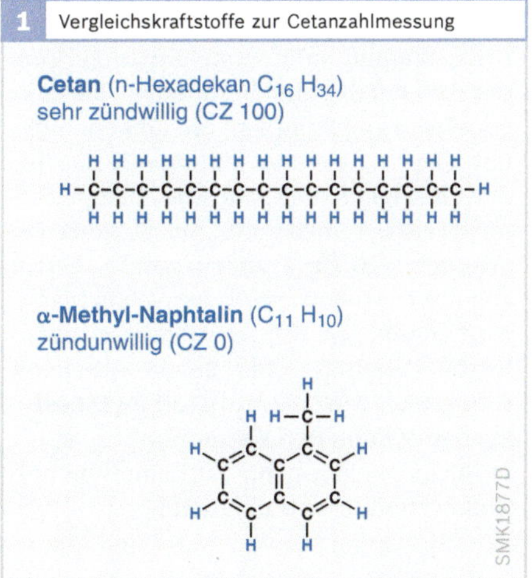

Bild 1
C Kohlenstoff
H Wasserstoff
— chemische Bindung

[1]) Cooperative Fuel Research

liegen. Die Forderung des Verbands der europäischen Kraftfahrzeughersteller (ACEA) liegt bei 350 °C.

Grenzwert der Filtrierbarkeit (Kälteverhalten)

Durch Ausscheidung von Paraffinkristallen kann es bei tiefen Temperaturen zur Verstopfung des Kraftstofffilters und dadurch zu einer Unterbrechung der Kraftstoffzufuhr kommen. Der Beginn der Paraffinausscheidung kann in ungünstigen Fällen schon bei ca. 0 °C oder darüber einsetzen. Die Kältefestigkeit eines Kraftstoffs wird anhand des „Grenzwertes der Filtrierbarkeit" (CFPP: Cold Filter Plugging Point, d. h. Filterverstopfungspunkt bei Kälte) beurteilt.

In der EN 590 ist der CFPP in verschiedenen Klassen definiert, die die einzelnen Staaten abhängig von den geografischen und klimatischen Bedingungen festlegen können.

Früher wurde dem Dieselkraftstoff zur Verbesserung der Kältefestigkeit im Fahrzeugtank gelegentlich etwas Ottokraftstoff zugemischt. Dies ist bei Vorliegen normgerechter Kraftstoffe nicht mehr notwendig und würde darüber hinaus beim Auftreten von Schäden zum Verlust sämtlicher Garantieansprüche führen.

Flammpunkt

Unter Flammpunkt versteht man die Temperatur, bei der eine brennbare Flüssigkeit gerade so viel Dampf an die umgebende Luft abgibt, dass eine Zündquelle das über der Flüssigkeit stehende Luft-Dampf-Gemisch entflammen kann. Aus Sicherheitsgründen (z. B. für Transport und Lagerung) soll der Dieselkraftstoff der Gefahrklasse A III angehören, d. h., der Flammpunkt liegt bei über 55 °C. Bereits ein Anteil von weniger als 3 % Ottokraftstoff im Dieselkraftstoff kann den Flammpunkt so stark herabsetzen, dass eine Entflammung bei Zimmertemperatur möglich ist.

Dichte

Der Energieinhalt des Dieselkraftstoffs pro Volumeneinheit nimmt mit steigender Dichte zu. Wenn bei gleich bleibender Einstellung der Einspritzpumpe (d. h. bei konstanter Volumenzumessung) Kraftstoffe mit stark verschiedenen Dichten eingesetzt werden, führt dies wegen der Heizwertschwankung zur Gemischverschiebung.

Beim Betrieb mit sortenabhängig höherer Kraftstoffdichte nehmen Motorleistung und Rußemission zu; bei abnehmender Dichte nehmen sie ab. Daher wird eine geringe sortenabhängige Dichte-Streuung für Dieselkraftstoff gefordert.

Viskosität

Die Viskosität ist ein Maß für die Zähflüssigkeit des Kraftstoffs, d. h. für den Widerstand, der beim Fließen aufgrund von innerer Reibung auftritt. Eine zu niedrige Viskosität des Dieselkraftstoffs führt zu erhöhten Leckverlusten in der Einspritzpumpe und damit zu Leistungsmangel.

Eine deutlich höhere Viskosität – etwa bei Einsatz von FAME (Bio-Diesel) – führt in nicht druckgeregelten Systemen (z. B. Pumpe-Düse-Einheit) bei hohen Temperaturen zur Erhöhung des Spitzendrucks. Mineralöl-Diesel darf deshalb in diesen Systemen nicht auf den maximal zulässigen Systemdruck appliziert werden. Eine hohe Viskosität führt außerdem zur Veränderung des Spraybilds wegen Bildung größerer Tröpfchen.

Schmierfähigkeit („lubricity")

Um den Dieselkraftstoff zu entschwefeln, wird er hydriert. Dieser Hydrierungsprozess entfernt neben dem Schwefel auch polare Kraftstoffkomponenten, die gut schmieren. Nach der Einführung entschwefelter Dieselkraftstoffe kam es in der Praxis aufgrund mangelhafter Schmierfähigkeit zu Verschleißproblemen an Verteilereinspritzpumpen. Deshalb werden Dieselkraftstoffe mit Schmierfähigkeitsverbesserern versetzt.

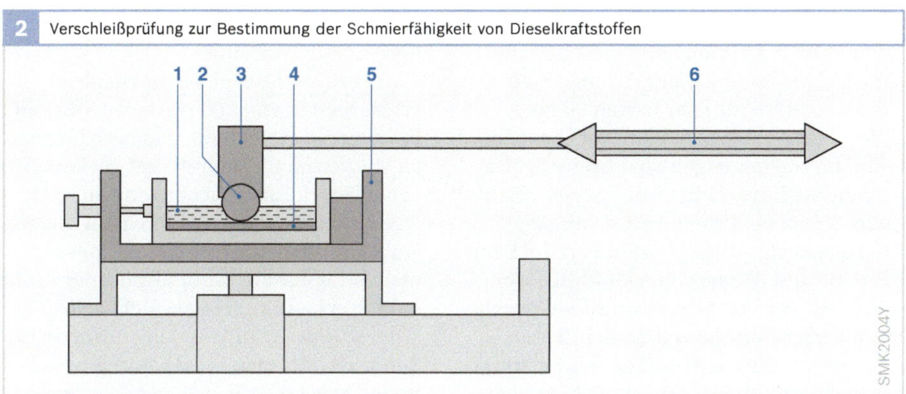

2 Verschleißprüfung zur Bestimmung der Schmierfähigkeit von Dieselkraftstoffen

Bild 2
1 Kraftstoff-Bad
2 Prüfkugel
3 eingeleitete Belastung
4 Prüfscheibe
5 Vorrichtung zur Erwärmung
6 Schwingbewegung

Die Schmierfähigkeit wird in einem Schwingverschleiß-Test (HFRR-Methode: High Frequency Reciprocating Rig) gemessen. Eine fest eingespannte Stahlkugel wird dazu unter Kraftstoff mit hoher Frequenz auf einer Platte geschliffen. Die Größe der entstehenden Abplattung, d. h. der „Verschleißkalotten"-Durchmesser der Stahlkugel (WSD: Wear Scar Diameter, gemessen in µm), dient zur Angabe des Verschleißes und damit als Maß für die Schmierfähigkeit des Kraftstoffs.

Dieselkraftstoffe nach EN 590 müssen einen WSD ≤ 460 µm aufweisen.

Schwefelgehalt

Abhängig von der Rohölqualität und den zu ihrer Aufmischung eingesetzten Komponenten enthalten Dieselkraftstoffe Schwefel in chemisch gebundener Form. Besonders Crack-Komponenten haben meist hohe Schwefelgehalte. Zur Entschwefelung des Kraftstoffs wird der Schwefel aus dem Mitteldestillat in Anwesenheit eines Katalysators bei hohem Druck und hoher Temperatur durch Wasserstoffbehandlung entzogen (Hydrierung). Bei diesem Verfahren bildet sich zunächst Schwefelwasserstoff (H_2S), der danach in elementaren Schwefel umgewandelt wird.

Seit Anfang 2000 erlaubt die EN 590 maximal 350 mg/kg Schwefel im Dieselkraftstoff. Seit 2005 müssen europaweit alle Otto- und Dieselkraftstoffe mindestens schwefelarm (Schwefelgehalt < 50 mg/kg) sein. Ab 2009 sollen nur noch schwefelfreie Kraftstoffe (Schwefelgehalt < 10 mg/kg) verwendet werden.

Seit 2003 wird in Deutschland eine Strafsteuer auf schwefelhaltige Kraftstoffe erhoben. Daher gibt es auf dem deutschen Markt nur noch schwefelfreien Dieselkraftstoff, wodurch sowohl die direkten SO_2-Emissionen (Schwefeldioxid) als auch die emittierte Partikelmasse (am Ruß angelagertes Sulfat) gesenkt werden.

Systeme zur Abgasnachbehandlung wie NO_X- und Partikelfilter verwenden Katalysatoren. Sie müssen mit schwefelfreiem Kraftstoff betrieben werden, da Schwefel zur Vergiftung der aktiven Katalysatoroberfläche führt.

Verkokungsneigung

Die Verkokungsneigung ist ein Maß für die Tendenz der Kraftstoffe Ablagerungen an den Einspritzdüsen zu bilden. Die Vorgänge bei der Verkokung sind sehr komplex. Vor allem Komponenten, die der Dieselkraftstoff im Siedeende (besonders aus Crack-Anteilen) enthält, tragen zur Verkokung bei.

Gesamtverschmutzung

Als Gesamtverschmutzung bezeichnet man die Summe der ungelösten Fremdstoffe im Kraftstoff, wie z. B. Sand, Rost und ungelöste organische Bestandteile, zu denen auch Alterungspolymere gehören. Die EN 590 lässt maximal 24 mg/kg zu. Insbesondere die sehr harten Silikate, die im mineralischen Staub vorkommen, sind für die mit engen Spaltbreiten gefertigten Hochdruckeinspritzsysteme schädlich. Schon ein Bruchteil des zulässigen Gesamtwertes dieser harten Partikel kann Erosiv- und Abrasivverschleiß auslösen (z. B. am Sitz von Magnetventilen). Durch den Verschleiß können Undichtheiten entstehen, die ein Absinken des Einspritzdrucks und der Motorleistung bzw. eine Zunahme der Motor-Partikelemissionen zur Folge haben.

Typische europäische Dieselkraftstoffe enthalten um die 100 000 Partikel pro 100 ml. Partikelgrößen von 6 bis 7 μm sind besonders kritisch. Leistungsfähige Kraftstofffilter mit sehr gutem Abscheidegrad können dazu beitragen, Schäden durch Partikel zu vermeiden.

Wasser im Dieselkraftstoff

Dieselkraftstoff kann ca. 100 mg/kg Wasser aufnehmen. Die Löslichkeitsgrenze wird von der Zusammensetzung des Dieselkraftstoffs und der Umgebungstemperatur bestimmt.

Die EN 590 lässt einen maximalen Wassergehalt von 200 mg/kg zu. Obwohl in vielen Staaten deutlich höhere Mengen an Wasser im Dieselkraftstoff vorkommen, zeigen Marktuntersuchungen von Kraftstoffen selten Wassergehalte über 200 mg/kg. Meist wird das vorhandene Wasser nicht oder nur unvollständig bei der Probenahme erfasst, weil es als nicht gelöstes, „freies" Wasser an Wandungen abgeschieden wird oder sich als separate Phase am Boden absetzt. Während gelöstes Wasser dem Einspritzsystem nicht schadet, kann freies Wasser schon in sehr geringer Menge bereits nach kurzer Zeit Schäden an Einspritzpumpen hervorrufen.

Wassereintrag in den Kraftstoffbehälter infolge von Kondensation aus der Luft kann nicht verhindert werden. Daher werden Wasserabscheider in bestimmten Regionen vorgeschrieben. Ferner muss der Fahrzeughersteller die Tankentlüftung und den Tankstutzen konstruktiv so gestalten, dass ein zusätzlicher Wassereintrag ausgeschlossen wird.

▶ Kenngrößen von Kraftstoffen

Heizwert, Brennwert

Für den Energieinhalt von Kraftstoffen wird üblicherweise der spezifische Heizwert H_U (früher: *unterer Heizwert*) angegeben. Der spezifische Brennwert H_O (früher: *oberer Heizwert* oder *Verbrennungswärme*) liegt für Kraftstoffe, in deren Verbrennungsprodukten Wasserdampf auftritt, höher als der Heizwert, da der Brennwert auch die im Wasserdampf gebundene Wärme (latente Wärme) berücksichtigt. Dieser Anteil wird im Fahrzeug jedoch nicht genutzt. Der spezifische Heizwert von Dieselkraftstoff beträgt 42,5 MJ/kg.

Sauerstoffhaltige Kraftstoffe (Oxigenates) wie Alkohole, Ether oder Fettsäuremethylester haben einen geringeren Heizwert als reine Kohlenwasserstoffe, weil der in ihnen gebundene Sauerstoff nicht an der Verbrennung teilnimmt. Um eine den Oxigenate-freien Kraftstoffen vergleichbare Leistung zu erzielen, wird mehr Kraftstoff benötigt.

Gemischheizwert

Der Heizwert des brennbaren Luft-Kraftstoff-Gemischs bestimmt die Leistung des Motors. Er ist bei gleichem stöchiometrischem Verhältnis für alle flüssigen Kraftstoffe und Flüssiggase nahezu gleich groß (ca. 3,5...3,7 MJ/m³).

Additive

Die Zugabe von Additiven zur Qualitätsverbesserung hat sich auch bei Dieselkraftstoffen weitgehend durchgesetzt. Dabei kommen meist Additivpakete zur Anwendung, die eine vielfältige Wirkung haben. Die Gesamtkonzentration der Additive liegt i. Allg. <0,1 %, sodass die physikalischen Kenngrößen der Kraftstoffe wie Dichte, Viskosität und Siedeverlauf nicht verändert werden.

Schmierfähigkeitsverbesserer

Eine Verbesserung der Schmierfähigkeit von Dieselkraftstoffen mit schlechten Schmiereigenschaften kann durch Zugabe von Fettsäuren, Fettsäureestern oder Glycerinen erreicht werden. Auch Bio-Diesel ist ein Fettsäureester. Deshalb wird Dieselkraftstoff, wenn er bereits einen Anteil an Bio-Diesel enthält, nicht noch zusätzlich mit Schmierfähigkeitsverbesserern additiviert.

Zündverbesserer (Cetane improver)

Bei Zündverbesserern handelt es sich um Salpetersäureester von Alkoholen, die den Zündverzug verkürzen. Dadurch werden die Emissionen reduziert und die Verbrennungsgeräusche vermindert.

Fließverbesserer

Fließverbesserer bestehen aus polymeren Stoffen, die den Grenzwert der Filtrierbarkeit herabsetzen. Sie werden i. Allg. nur im Winter zugesetzt (störungsfreier Betrieb bei Kälte). Der Zusatz von Fließverbesserern kann zwar die Ausscheidung von Paraffinkristallen aus dem Dieselkraftstoff nicht verhindern, aber deren Wachstum sehr stark einschränken. Die entstehenden Kriställchen sind dann so klein, dass sie die Filterporen noch passieren können.

Detergenzien

Detergenzien sind Reinigungsadditive, die zur Reinhaltung des Einlasssystems zugesetzt werden. Detergenzien können die Bildung von Ablagerungen verhindern und den Aufbau von Verkokungen an der Einspritzdüse reduzieren.

Korrosionsinhibitoren

Korrosionsinhibitoren lagern sich an die Oberflächen metallischer Teile an und schützen so beim Eintrag von Wasser vor Korrosion.

Antischaummittel (Defoamant)

Übermäßiges Schäumen beim schnellen Betanken lässt sich durch Zusatz von Entschäumern verhindern.

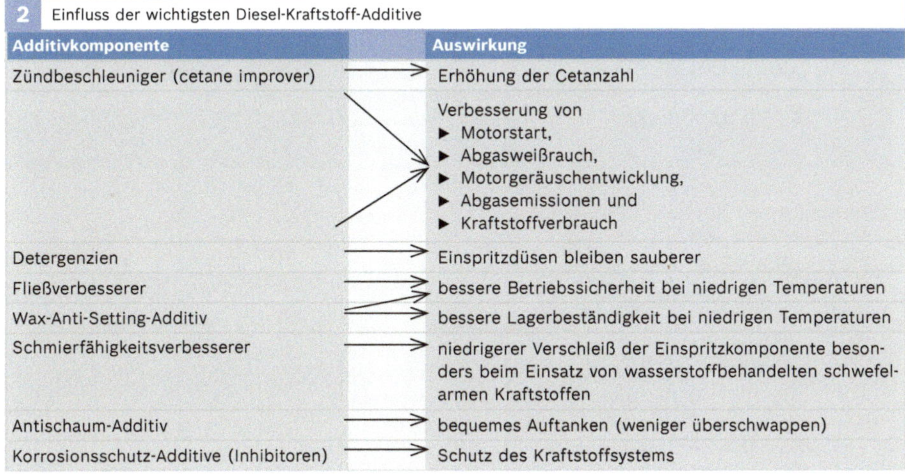

2 Einfluss der wichtigsten Diesel-Kraftstoff-Additive	
Additivkomponente	**Auswirkung**
Zündbeschleuniger (cetane improver)	Erhöhung der Cetanzahl
	Verbesserung von ▶ Motorstart, ▶ Abgasweißrauch, ▶ Motorgeräuschentwicklung, ▶ Abgasemissionen und ▶ Kraftstoffverbrauch
Detergenzien	Einspritzdüsen bleiben sauberer
Fließverbesserer	bessere Betriebssicherheit bei niedrigen Temperaturen
Wax-Anti-Setting-Additiv	bessere Lagerbeständigkeit bei niedrigen Temperaturen
Schmierfähigkeitsverbesserer	niedrigerer Verschleiß der Einspritzkomponente besonders beim Einsatz von wasserstoffbehandelten schwefelarmen Kraftstoffen
Antischaum-Additiv	bequemes Auftanken (weniger überschwappen)
Korrosionsschutz-Additive (Inhibitoren)	Schutz des Kraftstoffsystems

Tabelle 2

Alternative Kraftstoffe

Zu den alternativen Kraftstoffen für Dieselmotoren gehören biogene Kraftstoffe und im weiteren Sinne auch fossile Kraftstoffe, die nicht auf Basis von Erdöl erzeugt werden. Derzeit sind vor allem Ester von Pflanzenölen von Bedeutung.

Alkohole (Methanol und Ethanol) werden in Dieselmotoren nur in geringem Umfang und lediglich als Emulsion mit Dieselkraftstoff eingesetzt.

Fettsäuremethylester (FAME)

Fettsäuremethylester (FAME: Fatty Acid Methyl Ester) - umgangssprachlich Bio-Diesel - sind mit Methanol umgeesterte pflanzliche oder tierische Öle oder Fette. FAME werden aus verschiedenen Rohstoffen erzeugt, überwiegend aus Raps (Rapsmethylester, RME, Europa) und Soja (Sojamethylester, SME, USA). Aber auch Sonnenblumen- und Palmester, Altspeisefettester (UFOME: Used Frying Oil Methyl Ester) und Rindertalgester (TME: Tallow Methyl Ester) werden - allerdings meist mit anderen FAME gemischt - eingesetzt. Statt Methanol kann auch Ethanol zur Umesterung verwendet werden, wie z. B. in Brasilien zur Herstellung von Sojaethylester.

FAME wird entweder in reiner Form (B 100, d. h. 100 % Bio-Diesel) verwendet oder bis zu einem maximalen FAME-Anteil von 5 % mit Dieselkraftstoff gemischt als Blend B 5 angeboten. B 5 ist nach der EN 590 als Dieselkraftstoff zugelassen.

Da der Einsatz von FAME minderer Qualität zu Betriebsstörungen und Schäden an Motor und Einspritzsystem führen kann, sind die Anforderungen an FAME auf europäischer Ebene geregelt (EN 14 214). Insbesondere eine gute Alterungsstabilität (Oxidationsstabilität) und der Ausschluss prozessbedingter Verunreinigungen müssen sichergestellt sein. Die Norm EN 14 214 gilt unabhängig davon, ob FAME direkt als B 100 oder als Beimengung zum Dieselkraftstoff eingesetzt wird. Das durch FAME-Beimengungen entstehende Blend B 5 muss zudem den Anforderungen des reinen Dieselkraftstoffs (EN 590) entsprechen.

Die Erzeugung von FAME ist im Vergleich zu mineralölbasierten Dieselkraftstoffen nicht wirtschaftlich und wird in Deutschland steuerlich begünstigt.

Reine, unveresterte Pflanzenöle werden in direkteinspritzenden Dieselmotoren fast nicht mehr eingesetzt, da erhebliche Probleme entstehen, vorwiegend wegen der hohen Viskosität der Pflanzenöle und sehr starker Düsenverkokung.

1 Europäische Norm EN 14 214: Ausgewählte Anforderungen an FAME		
Kriterium	**Kenngröße**	**Einheit**
CFPP[1]) in sechs jahreszeitlichen Klassen, max.	+5...−20[2])	°C
Flammpunkt	≥120	°C
Dichte bei 15 °C	860...900	kg/m³
Viskosität bei 40 °C	3,5...5,0	mm²/s
Schwefelgehalt	10	mg/kg
Wassergehalt	≤500	mg/kg

[1]) Grenzwert der Filtrierbarkeit, hier für gemäßigtes Klima
[2]) wird national festgelegt, für Deutschland 0...−20 °C

Tabelle 1

Synfuels® und Sunfuels®

Die Begriffe Syn- und Sunfuel stehen für Kraftstoffe, die aus Synthesegas (H_2 und CO) im Fischer-Tropsch-Verfahren hergestellt werden.

Beim Einsatz von Kohle, Koks oder Erdgas zur Erzeugung des Synthesegases spricht man von Synfuel, bei der Verwendung von Biomasse von Sunfuel.

Im Fischer-Tropsch-Verfahren wird das Synthesegas katalytisch zu Kohlenwasserstoffen umgesetzt. Dabei entstehen hochwertige, schwefelfreie und aromatenfreie Dieselkraftstoffe, die überwiegend zur Qualitätsverbesserung konventioneller Dieselkraftstoffe eingesetzt werden. Abhängig von den verwendeten Katalysatoren können auch Ottokraftstoffe erzeugt werden. Nebenprodukte sind Flüssiggas und Paraffine.

Wegen der hohen Kosten war und ist die Erzeugung von synthetischen Kraftstoffen auf Sondermärkte begrenzt (Ölembargo für Südafrika während der 1970er-Jahre, Verwendung von überschüssigem Erdgas in Malaysia, Forschungsanlagen).

Dimethylether (DME)

Dimethylether (DME) ist ein synthetisch hergestelltes Produkt, das derzeit in kleinen Mengen aus Methanol erzeugt wird. DME hat eine Cetanzahl von CZ $\cong$ 55 und kann im Dieselmotor rußarm und mit reduzierter Stickoxidbildung verbrannt werden. Aufgrund seiner geringen Dichte und des hohen Sauerstoffanteils hat es einen geringen Heizwert. Außerdem erfordert es wegen seines gasförmigen Zustands eine Anpassung der Einspritzausrüstung.

Auch andere Ether (z. B. Dimethoxymethan, di-n-Pentylether) werden hinsichtlich ihrer Eignung als Kraftstoffe untersucht.

Emulsionen

Emulsionen von Wasser oder Ethanol in Dieselkraftstoffen werden an verschiedenen Stellen getestet. Wasser und Alkohole sind in Diesel nur schlecht löslich. Zur Stabilisierung dieser Mischungen werden Emulgatoren benötigt, die eine Demulgierung bleibend verhindern. Außerdem sind Maßnahmen zum Verschleiß- und Korrosionsschutz notwendig. Durch den Einsatz von Emulsionen können Ruß- und Stickoxidemissionen herabgesetzt werden, da durch den Wasseranteil das Verbrennungsgemisch kälter ist.

Eine Anwendung erfolgt bisher aber nur in begrenzten Fahrzeugflotten, die meist mit Reiheneinspritzpumpen ausgerüstet sind. Andere Einspritzsysteme sind für den Betrieb mit Emulsionen entweder nicht geeignet oder nicht erprobt.

1 Schäden an einer Einspritzpumpe durch schlechte Kraftstoff-Qualität

Bild 1
a Ablagerungen im Stellwerk, hervorgerufen durch verschmutztes FAME
b Lagerschaden, hervorgerufen durch freies Wasser (Fahrzeuglaufzeit ca. 5600 km)

Systeme zur Füllungssteuerung

Beim Dieselmotor ist neben der eingespritzten Kraftstoffmasse die zugeführte Luftmasse eine entscheidende Größe für das abgegebene Drehmoment und damit für die Leistung sowie für die Abgaszusammensetzung. Deshalb kommt neben dem Einspritzsystem auch den Systemen, die die Zylinderfüllung[1] beeinflussen, eine besondere Bedeutung zu. Diese Systeme zur Füllungssteuerung reinigen die Ansaugluft und beeinflussen die Bewegung, die Dichte und die Zusammensetzung (z. B. den Sauerstoffanteil) der Zylinderfüllung.

Übersicht

Für die Verbrennung des Kraftstoffs ist Sauerstoff nötig, den der Motor der angesaugten Luft entzieht. Grundsätzlich gilt: je mehr Sauerstoff im Brennraum für die Verbrennung zur Verfügung steht, desto mehr Kraftstoff-Volllastmenge kann eingespritzt werden. Damit besteht ein direkter Zusammenhang zwischen Luftfüllung des Zylinders und der maximal möglichen Motorleistung.

Die Luftsysteme haben die Aufgabe, die angesaugte Luft aufzubereiten und für eine gute Zylinderfüllung zu sorgen. Die Füllungssteuerung (Bild 1) besteht aus den Bereichen:
▶ Luftfilter (1),
▶ Aufladung (2),
▶ Abgasrückführung (4) und
▶ Drallklappen (5).

Systeme zur Aufladung (d. h. zum Vorverdichten der Luft vor Eintritt in den Zylinder) sind in den meisten Dieselmotoren zur Leistungssteigerung vorhanden.

Die Abgasrückführung wird zum Zweck der Schadstoffminderung bei allen gängigen Pkw-Dieselmotoren und einigen Nkw eingesetzt. Durch die Abgasrückführung verringert sich der Sauerstoffanteil im Zylinder; aufgrund der dadurch sinkenden Verbrennungstemperatur werden bei der Verbrennung weniger Stickoxide (NO_X) gebildet.

[1] Die Zylinderfüllung ist das Gemisch, das nach Schließen der Einlassventile im Zylinder ist. Es besteht aus der zugeführten Frischluft und dem Restgas der vorherigen Verbrennung.

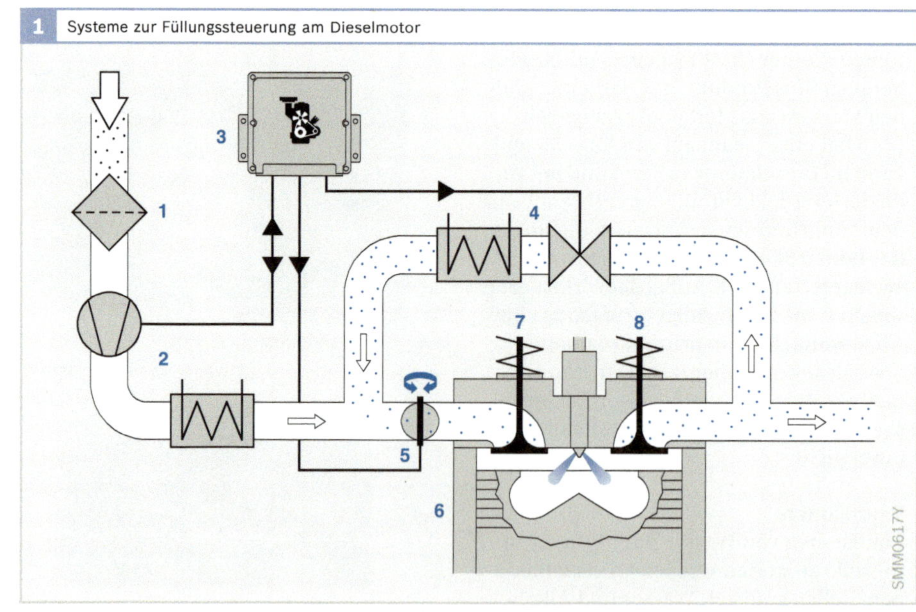

1 Systeme zur Füllungssteuerung am Dieselmotor

Bild 1
1 Luftfilter
2 Aufladung mit Ladeluftkühlung
3 Motorsteuergerät
4 Abgasrückführung mit Kühler
5 Drallklappe
6 Motorzylinder
7 Einlassventil
8 Auslassventil

Aufladung

Die Aufladung als Mittel zur Leistungssteigerung ist bei großen Dieselmotoren für Stationär- und Schiffsantriebe sowie bei Nkw-Dieselmotoren seit langem bekannt[1]. Inzwischen hat sie sich auch bei schnell laufenden Fahrzeug-Dieselmotoren für Pkw durchgesetzt[2]. Im Gegensatz zum Saugmotor wird beim aufgeladenen Motor die Luft mit Überdruck dem Motor zugeführt. Damit erhöht sich die Luftmasse im Motorzylinder, die mit einer entsprechend höheren Kraftstoffmasse zu einer höheren Leistung bei gleichem Hubraum bzw. zu gleicher Leistung bei kleinerem Hubraum führt. Durch die Reduzierung des Hubraums („Downsizing") ist eine Absenkung des Kraftstoffverbrauchs möglich. Zugleich wird auch eine Verbesserung der Abgasemissionswerte erreicht.

Der Dieselmotor eignet sich besonders zur Aufladung, da bei ihm nur Luft und kein Luft-Kraftstoff-Gemisch verdichtet wird und er aufgrund seiner Qualitätsregelung günstig mit einem Lader kombiniert werden kann. Bei größeren Nutzfahrzeugmotoren erzielt man eine weitere Steigerung des Mitteldrucks (und somit des Drehmoments) durch höhere Aufladung und Absenkung der Verdichtung, muss dafür aber Einschränkungen bei der Kaltstartfähigkeit hinnehmen.

Der Liefergrad beschreibt die im Zylinder eingeschlossene Luftfüllung bezogen auf die durch das Hubvolumen vorgegebene theoretische Ladung bei Normbedingung (Luftdruck p_0 = 1013 hPa, Temperatur T_0 = 273 K) ohne Aufladung. Der Liefergrad liegt bei aufgeladenen Dieselmotoren zwischen 0,85 und 3,0.

Während des Verdichtens wird die Luft im Lader erwärmt (bis zu 180 °C). Da warme Luft eine geringere Dichte hat als kalte Luft, wirkt sich die Erwärmung nachteilig auf die Zylinderfüllung aus. Ein dem Lader nachgeschalteter Ladeluftkühler (mit Außenluftkühlung oder mit einem separaten Kühlmittelkreislauf) kühlt die verdichtete Luft wieder ab und bewirkt so eine weitere Erhöhung der Zylinderfüllung. Damit steht mehr Sauerstoff für die Verbrennung zur Verfügung, sodass ein höheres maximales Drehmoment und damit eine höhere Leistung bei gegebener Drehzahl zur Verfügung steht.

Die niedrigere Temperatur der in den Zylinder einströmenden Luft führt auch zu niedrigeren Temperaturen im Verdichtungstakt. Daraus ergeben sich weitere Vorteile:
▶ besserer thermischer Wirkungsgrad und damit geringerer Kraftstoffverbrauch und weniger Rußausstoß bei Dieselmotoren,
▶ geringere thermische Belastung des Zylinderraums sowie
▶ etwas geringere NO_X-Emissionen durch eine geringere Verbrennungstemperatur.

Man unterscheidet zwei Arten von Ladern:
▶ Beim *Abgasturbolader* wird die Verdichtungsleistung aus dem Abgas gewonnen (strömungstechnische Kopplung zwischen Motor und Lader).
▶ Beim *mechanischen Lader* wird die Verdichtungsleistung von der Motorkurbelwelle abgezweigt (mechanische Kopplung zwischen Motor und Lader).

Abgasturboaufladung

Die Aufladung mit einem Abgasturbolader (ATL) findet die breiteste Anwendung. Sie wird bei Pkw-, Nkw- und Großmotoren für Schiffe und Lokomotiven eingesetzt.

Die Abgasturboaufladung wird zur Reduzierung des Leistungsgewichts eingesetzt und zur Anhebung des maximalen Drehmoments bei niedrigeren und mittleren Drehzahlen, insbesondere in Verbindung mit der elektronischen Ladedruckregelung. Zudem gewinnen auch die Aspekte der Schadstoffminderung eine wachsende Bedeutung.

[1] Bereits Gottlieb Daimler (1885) und Rudolf Diesel (1896) befassten sich mit der Vorkompression der Ansaugluft zur Leistungssteigerung. Dem Schweizer Alfred Büchi gelang 1925 die erste erfolgreiche Abgasturboaufladung mit einer Leistungssteigerung von 40 % (die Patentanmeldung erfolgte 1905). Die ersten aufgeladenen Nkw-Motoren wurden 1938 gebaut. Sie setzten sich in den frühen 1950er-Jahren durch.

[2] In größerem Maße erfolgte der Einsatz ab den 1970er-Jahren.

Aufbau und Arbeitsweise

Mit dem heißen und unter Druck stehenden Abgas des Verbrennungsmotors geht ein großer Anteil an Energie verloren. Es liegt daher nahe, einen Teil dieser Energie für die Druckerzeugung im Ansaugrohr nutzbar zu machen.

Der Abgasturbolader (Bild 1) besteht aus zwei Strömungsmaschinen:

▶ eine Abgasturbine (7), die die Energie des Abgasstroms aufnimmt und
▶ ein Strömungsverdichter (2), der über eine Welle (11) mit der Turbine gekoppelt ist und die Ansaugluft verdichtet.

Das heiße Abgas strömt die Turbine an und versetzt sie in eine schnelle Drehbewegung (bei Dieselmotoren bis ca. 200 000 min⁻¹). Die nach innen gerichteten Schaufeln des Turbinenrades leiten das Abgas zur Mitte hin, wo es dann seitlich austritt (8, Radialturbine). Die Welle treibt den Radialverdichter an. Hier sind die Verhältnisse genau umgekehrt: Die Ansaugluft (3) tritt in der Mitte des Verdichters ein und wird von den Schaufeln nach außen beschleunigt und dabei verdichtet (4).

Aufgrund des Abgasdrucks, der sich vor der Turbine aufbaut, erhöht sich die vom Motor aufzubringende Ausschiebearbeit im Ausstoßtakt. Gleichzeitig kann die Turbine aber neben der Strömungsenergie des Abgases z. T. auch dessen thermische Energie in Verdichtungsleistung umsetzen, sodass die Erhöhung des Ladedrucks größer ist als der Anstieg des Abgasdrucks vor der Turbine (positives Spülgefälle). Der Gesamtwirkungsgrad des Motors kann so in weiten Teilbereichen des Motorkennfelds verbessert werden.

Für Stationärbetrieb mit konstanter Drehzahl lässt sich das Turbinen- und Laderkennfeld auf einen günstigen Wirkungsgrad und damit hohe Aufladung abstimmen. Schwieriger ist jedoch die Auslegung für einen instationär betriebenen Fahrzeugmotor, von dem man insbesondere bei Beschleunigung aus kleiner Drehzahl ein hohes Drehmoment erwartet. Niedrige Abgastemperatur, geringe Abgasmenge und die Massenträgheit des Turboladers selbst verzögern bei Beschleunigungsbeginn den Druckaufbau im Verdichter. Dies wird bei turboaufgeladenen Pkw-Motoren als „Turboloch" bezeichnet. Besonders für die Aufladung in Pkw und Nkw wurden Turbolader entwickelt, die wegen ihrer geringen Eigenmassen schon bei kleinen Abgasströmen ansprechen und so

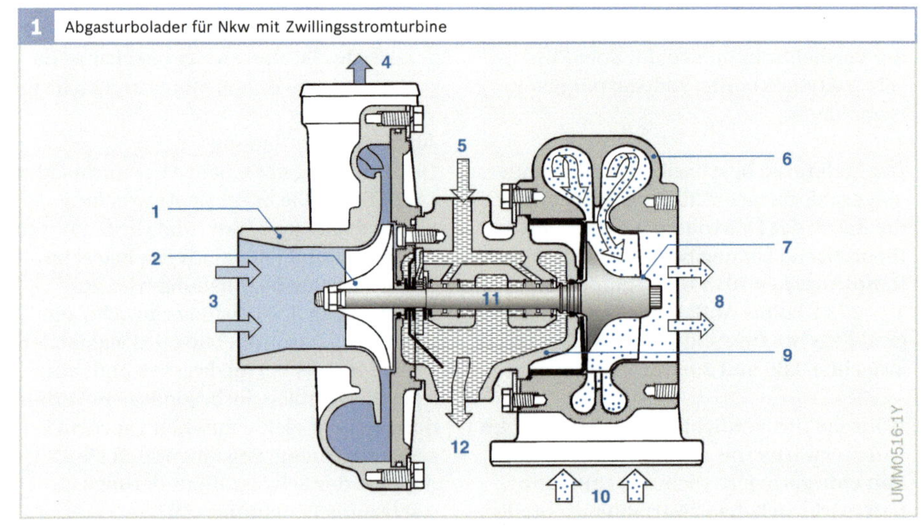

1 Abgasturbolader für Nkw mit Zwillingsstromturbine

Bild 1
1 Verdichtergehäuse
2 Strömungsverdichter
3 Ansaugluft
4 verdichtete Frischluft
5 Schmierölzulauf
6 Turbinengehäuse
7 Abgasturbine
8 abströmendes Abgas
9 Lagergehäuse
10 zuströmendes Abgas
11 Welle
12 Schmierölrücklauf

das Fahrverhalten im unteren Drehzahlbereich deutlich verbessern.

Man unterscheidet zwei Aufladeprinzipien:
Bei der Stauaufladung glättet ein Abgas-
sammelbehälter vor der Turbine die Druckpulsationen im Abgasstrang. Die Turbine
kann dadurch im Bereich hoher Motordrehzahlen bei einem geringeren Druck
mehr Abgas durchsetzen. Da sich der Ab-
gagegendruck in diesen Betriebspunkten
für den Motor verringert, reduziert sich
auch der Kraftstoffverbrauch. Die Stauaufladung wird für große Schiffs-, Generator-
und Stationärmotoren eingesetzt.

Bei der Stoßaufladung wird die kinetische
Energie der Druckpulsationen beim Aus-
strömen der Abgase aus dem Zylinder genutzt. Die Stoßaufladung ermöglicht ein
höheres Drehmoment bei niedrigeren
Motordrehzahlen. Dieses Prinzip wird bei
Pkw- und Nkw-Motoren angewandt. Damit
sich die einzelnen Zylinder beim Ladungswechsel nicht gegenseitig beeinflussen,
werden z. B. bei einem 6-Zylinder-Motor
je drei Zylinder in einer Abgassammel-
leitung zusammengefasst. Mit Zwillings-
stromturbinen (Bild 1) – die zwei äußere
Kanäle haben – werden die Abgasströme
auch innerhalb der Turbine getrennt geführt.

Um ein gutes Ansprechverhalten zu erreichen, sitzt der Abgasturbolader möglichst nahe an den Auslassventilen im
heißen Abgasstrang. Er muss deshalb aus
hochfesten Werkstoffen gefertigt sein.
Für Schiffe – bei denen im Maschinenraum
wegen der Brandgefahr heiße Oberflächen
vermieden werden sollen – ist der Turbolader wassergekühlt oder wärmeisoliert.
Turbolader für Ottomotoren, bei denen die
Abgastemperatur ca. 200...300 °C höher
liegt als beim Dieselmotor, können ebenfalls wassergekühlt ausgeführt sein.

Bauarten

Motoren sollen bereits bei niedrigen Dreh-
zahlen ein hohes Drehmoment erzeugen.
Deshalb wird der Turbolader für einen
kleinen Abgasmassenstrom ausgelegt (z. B.
Volllast bei einer Motordrehzahl von
$n \le 1800 \text{ min}^{-1}$). Damit bei größeren Abgas-
massenströmen der Abgasturbolader den
Motor nicht überlädt, bzw. der Lader nicht
zerstört wird, muss der Ladedruck ge-
regelt werden. Hierzu gibt es drei Bauart-
prinzipien:
▸ Wastegate-Lader,
▸ VTG-Lader und
▸ VST-Lader.

Wastegate-Lader (Bild 2)

Bei höheren Motordrehzahlen oder -lasten
wird ein Teilstrom des Abgases über ein
Bypassventil – das „Wastegate" (5, „Tor für
das Überflüssige") – an der Turbine vorbei
in die Abgasanlage geleitet. Dadurch
nimmt der Abgasstrom durch die Turbine
und der Abgasgegendruck ab und eine zu
hohe Turboladerdrehzahl wird vermieden.
Bei niedrigen Motordrehzahlen oder
-lasten schließt das Wastegate, und der gesamte Abgasstrom treibt die Turbine an.

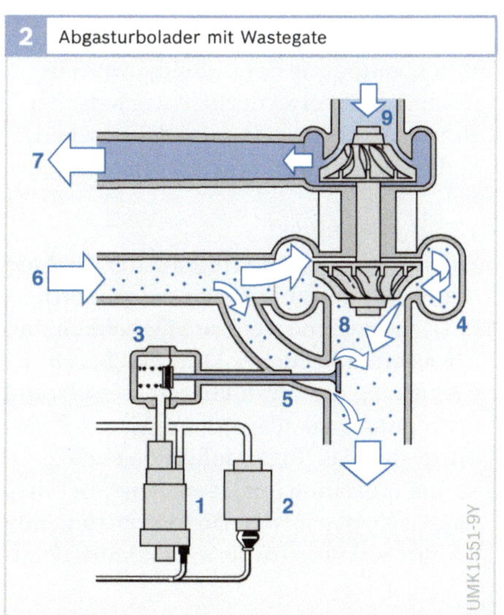

Bild 2
1 Ladedrucksteller
2 Unterdruckpumpe
3 Drucksteller
4 Turbolader
5 Bypassventil
  (Wastegate)
6 Abgasstrom
7 Ansaugluftstrom
8 Abgasturbine
9 Strömungs-
  verdichter

Üblicherweise ist das Wastegate in Klappenausführung im Turbinengehäuse integriert. In der Anfangszeit des Turboladers wurde ein Tellerventil in einem separaten Gehäuse parallel zur Turbine eingesetzt.

Ein Ladedrucksteller (1) (elektropneumatischer Wandler) betätigt das Wastegate. Dieser Steller ist ein elektrisch angesteuertes 3/2-Wegeventil, das an eine Unterdruckpumpe (2) angeschlossen ist. In seiner Ruhestellung (stromlos) lässt es den Umgebungsdruck auf den Drucksteller (3) wirken. Die Feder im Drucksteller öffnet das Wastegate.

Wird der Ladedrucksteller vom Motorsteuergerät bestromt, verbindet er den Drucksteller und die Unterdruckpumpe, sodass die Membran gegen die Federkraft zurückgezogen wird. Das Wastegate schließt und die Turboladerdrehzahl erhöht sich.

Der Turbolader ist so konstruiert, dass das Wastegate bei Ausfall der Ansteuerung offen ist. Dadurch kann bei hohen Drehzahlen kein zu hoher Ladedruck aufgebaut werden, der den Turbolader oder den Motor schädigen würde.

Bei Ottomotoren wird genügend Unterdruck im Ansaugrohr erzeugt. Eine Unterdruckpumpe wie bei Dieselmotoren ist deshalb nicht erforderlich. Auch die Ansteuerung über einen rein elektrischen Steller ist für beide Motorarten möglich.

VTG-Lader (Bild 3)
Eine veränderte Anströmung der Turbinen durch eine variable Turbinengeometrie (VTG) bietet eine weitere Möglichkeit, den Abgasstrom bei hoher Motordrehzahl zu begrenzen. Die verstellbaren Leitschaufeln (3) verändern den Strömungsquerschnitt, durch den das Abgas auf die Turbine strömt (Variation der Geometrie). Damit passen sie den an der Turbine anstehenden Gasdruck dem geforderten Ladedruck an.

Bei niedrigen Motordrehzahlen oder -lasten geben sie einen kleinen Strömungsquerschnitt frei, sodass der Abgasgegendruck ansteigt. Der Abgasstrom in der Turbine erreicht eine hohe Geschwindigkeit und bringt die Turbine auf eine hohe Drehzahl (a). Der Abgasstrom wirkt dabei auf den Außenbereich der Schaufeln des Turbinenrads. So entsteht ein großer Hebelarm, der zusätzlich ein hohes Drehmoment bewirkt.

Bei hohen Motordrehzahlen oder -lasten geben die Leitschaufeln einen größeren Strömungsquerschnitt frei, der eine niedrigere Strömungsgeschwindigkeit des Abgasstroms zur Folge hat (b). Dadurch wird der Turbolader bei gleicher Abgasmenge weniger beschleunigt, bzw. er dreht bei höherer Abgasmenge nicht so hoch. Der Ladedruck wird so begrenzt.

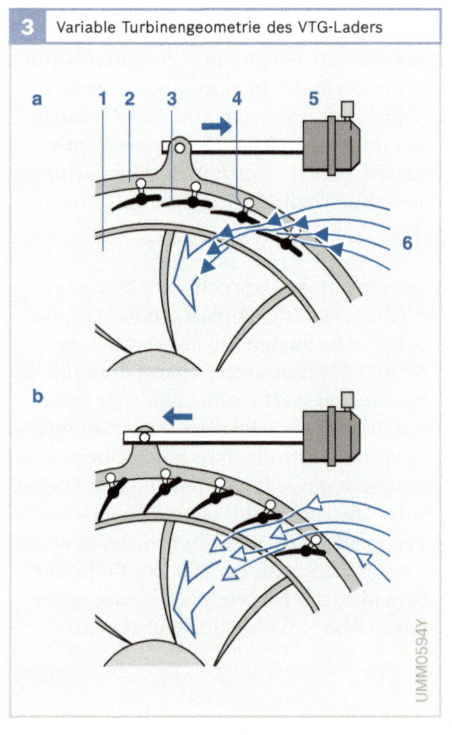

3   Variable Turbinengeometrie des VTG-Laders

Bild 3

a Leitschaufelstellung für hohen Ladedruck
b Leitschaufelstellung für niedrigen Ladedruck

1 Abgasturbine
2 Verstellring
3 Leitschaufel
4 Verstellhebel
5 Verstelldose
6 Abgasstrom

◄ hohe Strömungsgeschwindigkeit
◁ niedrige Strömungsgeschwindigkeit

Durch die Drehbewegung eines Verstellrings (2) ergibt sich eine einfache Verstellung des Leitschaufelwinkels. Dabei werden die Leitschaufeln entweder direkt
über einzelne an den Leitschaufeln befes-
tigte Verstellhebel (4) oder über Verstell-
nocken auf den gewünschten Winkel eingestellt. Das Verdrehen des Verstellrings
geschieht pneumatisch über eine Verstelldose (5) mit Unter- oder Überdruck oder
über einen Elektromotor mit Lagerück-
meldung (Positionssensor). Die Motorsteuerung steuert das Stellglied an. Damit
kann der Ladedruck in Abhängigkeit verschiedener Eingangsgrößen bestmöglich
eingestellt werden.

Der VTG-Lader ist in seiner Ruhestellung
geöffnet und damit eigensicher. Versagt die
Ansteuerung, wird der Turbolader oder
der Motor nicht geschädigt. Es kommt nur
zu Leistungsverlust bei niedrigen Drehzahlen.

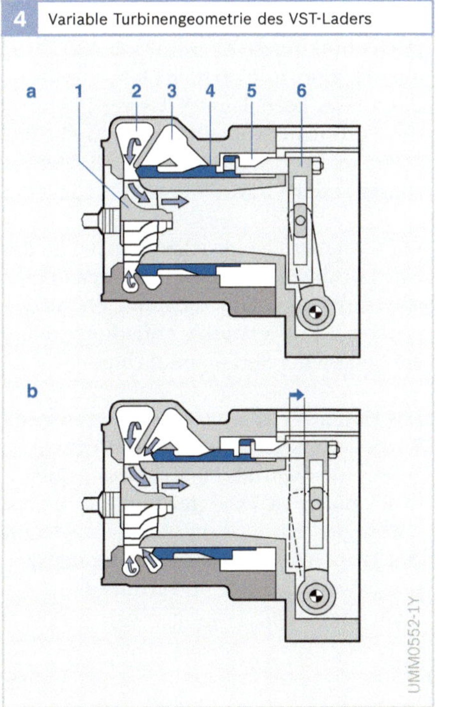

4 Variable Turbinengeometrie des VST-Laders

Bei Dieselmotoren wird heute überwiegend
diese Laderbauart eingesetzt. Bei Ottomotoren konnte er sich u. a. wegen der
hohen thermischen Belastung und aufgrund der heißeren Abgase noch nicht
durchsetzen.

VST-Lader (Bild 4)
Der VST-Lader (variable Schieberturbine)
wird für kleine Pkw-Motoren eingesetzt.
Ein Regelschieber (4) verändert bei dieser
Bauart den Einströmquerschnitt zur
Turbine durch sukzessives Öffnen zweier
Strömungskanäle (2, 3).

Bei geringen Motordrehzahlen oder
-lasten ist nur ein Strömungskanal (2)
offen. Der kleinere Öffnungsquerschnitt
führt zu einem hohen Abgasgegendruck
und zu einer hohen Strömungsgeschwindigkeit des Abgases und somit zu einer
hohen Drehzahl der Turbine (1).

Bei Erreichen des gewünschten Ladedrucks öffnet der Regelschieber kontinuierlich den zweiten Strömungskanal (3).
Die Strömungsgeschwindigkeit des Abgases – und damit die Turboladerdrehzahl
und der Ladedruck – nehmen ab. Das
Motorsteuergerät nimmt die Einstellung
des Regelschiebers über eine pneumatische Druckdose vor.

Mit dem im Turbinengehäuse integrier-
ten Bypasskanal (5) ist es auch möglich,
nahezu den gesamten Abgasstrom an der
Turbine vorbeizuleiten und so einen sehr
geringen Ladedruck zu erreichen.

Bild 4

a   Nur ein Strömungs-
    kanal offen
b   beide Strömungs-
    kanäle offen

1   Abgasturbine
2   1. Strömungskanal
3   2. Strömungskanal
4   Regelschieber
5   Bypasskanal
6   Verstellgabel

Vor- und Nachteile der Abgasturboaufladung

Downsizing

Gegenüber einem Saugmotor mit gleicher Leistung sprechen vor allem das geringere Gewicht und der reduzierte Bauraum für den Motor mit Abgasturbolader („Downsizing", d. h. Verringerung der Größe). Über den nutzbaren Drehzahlbereich ergibt sich ein besserer Drehmomentverlauf (Bild 5). Daraus ergibt sich bei einer bestimmten Drehzahl eine höhere Leistung (A–B) bei gleichem spezifischen Kraftstoffverbrauch.

Die gleiche Leistung steht wegen des günstigeren Drehmomentverlaufs schon bei einer niedrigeren Drehzahl bereit (B–C). Der Arbeitspunkt bei einer geforderten Leistung wird so durch die Aufladung in einen Bereich mit geringeren Reibungsverlusten verlagert. Daraus ergibt sich ein geringerer Kraftstoffverbrauch (E–D).

Drehmomentverlauf

Bei sehr niedrigen Drehzahlen ist das Grunddrehmoment bei Motoren mit Abgasturbolader auf dem Niveau der Saugmotoren. In diesem Bereich reicht die im Abgas vorhandene Energie nicht aus, um die Turbine anzutreiben. Somit entsteht kein Ladedruck.

Im instationären Betrieb liegt der Drehmomentverlauf auch bei mittleren Drehzahlen auf dem Niveau der Saugmotoren (c). Das liegt daran, dass der Abgasstrom verzögert aufgebaut wird. Beim Beschleunigen aus niedrigen Drehzahlen heraus ergibt sich somit das „Turboloch".

Das Turboloch kann, vor allem bei Ottomotoren, durch Ausnutzung der dynamischen Aufladung gemindert werden. Sie unterstützt das Hochlaufverhalten des Laders.

Bei Dieselmotoren bietet der Einsatz von Turboladern mit variabler Turbinengeometrie eine Möglichkeit, das Turboloch deutlich zu reduzieren.

Eine weitere Variante stellt der elektrisch unterstützte Abgasturbolader (euATL) mit zusätzlichem Elektromotor dar. Dieser beschleunigt das Verdichterrad des Turboladers unabhängig vom Abgasstrom und verringert so das Turboloch. Dieser Ladertyp wird derzeit entwickelt.

Ein schneller Ladedruckaufbau bei niedrigen Drehzahlen kann auch durch eine zweistufig geregelte Aufladung erzielt werden. Die zweistufige Aufladung steht am Beginn der Serieneinführung.

Das Höhenverhalten ist bei Motoren mit Turbolader sehr günstig, da das Druckgefälle bei niedrigerem Umgebungsluftdruck höher ist. Dies gleicht die geringere Luftdichte teilweise aus. Bei der Auslegung des Turboladers muss jedoch darauf geachtet werden, dass die Turbine dabei nicht überdreht.

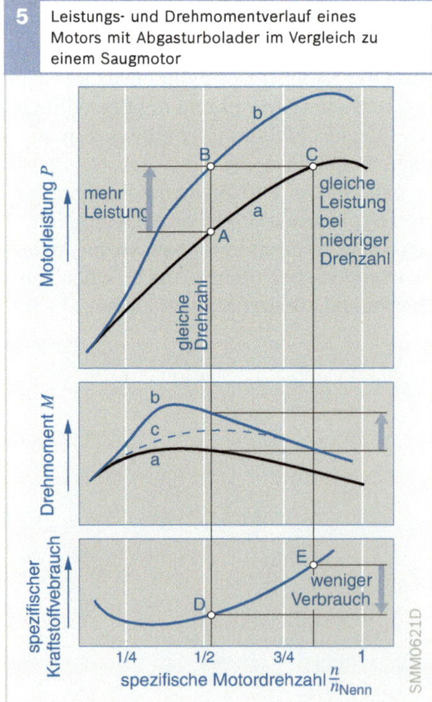

5 Leistungs- und Drehmomentverlauf eines Motors mit Abgasturbolader im Vergleich zu einem Saugmotor

Bild 5

a Saugmotor im stationären Betrieb

b aufgeladener Motor im stationären Betrieb

c aufgeladener Motor im instationären (dynamischen) Betrieb

Mehrstufige Aufladung

Mit einer mehrstufigen Aufladung können die Leistungsgrenzen gegenüber der einstufigen Aufladung deutlich erweitert werden. Ziel dabei ist es, sowohl stationär als auch instationär die Luftversorgung und gleichzeitig den spezifischen Verbrauch des Motors zu verbessern. Dabei haben sich zwei Aufladeverfahren durchgesetzt:

Registeraufladung

Bei der Registeraufladung werden zur Basisaufladung mit zunehmender Motorlast und -drehzahl ein oder mehrere parallel geschaltete Turbolader zugeschaltet. Damit können im Vergleich zu einem größeren Lader, der auf die Nennleistung ausgelegt ist, zwei oder mehrere optimale Betriebspunkte erreicht werden. Wegen der aufwändigen Laderschalteinrichtung wird die Registeraufladung überwiegend bei Schiffs- oder Generatorantrieben eingesetzt.

Zweistufig geregelte Aufladung

Die zweistufige geregelte Aufladung ist eine Reihenschaltung zweier unterschiedlich großer Turbolader mit einer Bypassregelung und idealerweise zwei Ladeluftkühlern (Bild 6, Pos. 1 und 2). Der erste Lader ist als Niederdrucklader (1), der zweite Lader als Hochdrucklader ausgeführt (2).

Die Frischluft wird zunächst in der Niederdruckstufe vorverdichtet. Dadurch arbeitet der relativ kleine Hochdruckverdichter auf einem höheren Druckniveau mit kleinem Volumenstrom, sodass er den erforderlichen Luftmassenstrom durchsetzen kann. Mit der zweistufigen Aufladung kann ein besonders guter Verdichterwirkungsgrad erzielt werden.

Bei niedrigeren Motordrehzahlen ist das Bypassventil (5) geschlossen, sodass beide Turbolader wirken. Dadurch ergibt sich ein sehr schneller und hoher Ladedruckaufbau. Steigt die Motordrehzahl, öffnet das Bypassventil, bis nur noch der Niederdruckverdichter arbeitet. Dadurch passt sich die Aufladung stufenlos an die Erfordernisse des Motors an.

Dieses Aufladeverfahren wird wegen seines einfachen Regelverhaltens für Fahrzeuganwendungen eingesetzt.

eBooster

Vor den Abgasturbolader ist ein zusätzlicher Verdichter geschaltet. Dieser ist ähnlich wie der Verdichter des Turboladers aufgebaut und wird von einem Elektromotor angetrieben (eBooster). Bei Beschleunigung versorgt der eBooster den Motor mit Luft und verbessert dadurch besonders bei niedrigen Drehzahlen das Hochlaufen des Motors.

Mechanische Aufladung

Bei der mechanischen Aufladung wird ein Verdichter direkt vom Verbrennungsmotor angetrieben. In der Regel sind Motor und Verdichter z. B. über einen Riemenantrieb fest miteinander gekoppelt. Mechanische Lader werden im Vergleich zum Abgasturbolader für Dieselmotoren selten eingesetzt.

Mechanische Verdrängerlader

Die häufigste Bauform ist der mechanische Verdrängerlader MVL (Kompressor). Er kommt hauptsächlich bei kleinen und mittelgroßen Pkw-Motoren zum Einsatz.

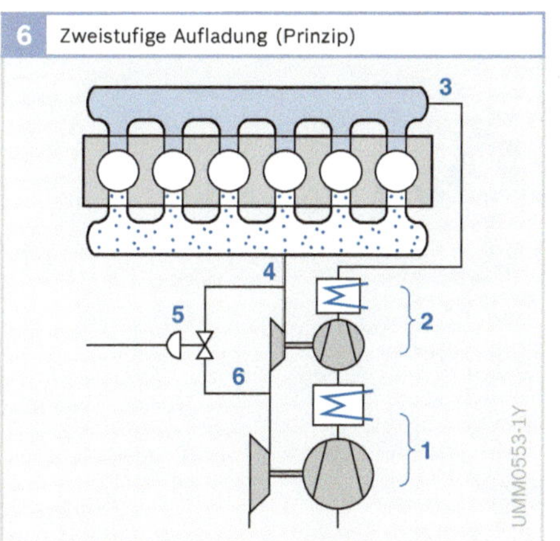

6 Zweistufige Aufladung (Prinzip)

Bild 6
1 Niederdruckstufe ND (Turbolader mit Ladeluftkühlung)
2 Hochdruckstufe HD (Turbolader mit Ladeluftkühlung)
3 Saugrohr
4 Abgassammelrohr
5 Bypassventil
6 Bypassleitung

Folgende Bauformen finden bei Dieselmotoren Verwendung:

Verdrängerlader mit innerer Verdichtung
Bei Ladern mit innerer Verdichtung wird die Luft im Verdichter komprimiert. Bei Dieselmotoren kommen der Hubkolbenlader und der Schraubenlader zum Einsatz.

Hubkolbenlader: Diese Lader sind entweder mit einem starren Kolben (Bild 7) oder einer Membran (Bild 8) aufgebaut. Ein Kolben (ähnlich dem Motorkolben) verdichtet die Luft, die dann über ein Auslassventil zum Motorzylinder strömt.

Schraubenlader (Bild 9): Zwei sich ineinander kämmende Flügel in Schraubenform (4) verdichten die Luft.

Verdrängerlader ohne innere Verdichtung
Bei Ladern ohne innere Verdichtung wird die Luft durch die erzeugte Strömung außerhalb des Laders komprimiert. Bei Dieselmotoren kam nur der Roots-Lader (Bild 10) in Zweitakt-Fahrzeugmotoren zum Einsatz.

Roots-Lader: Zwei über Zahnräder gekoppelte zweiflügige Drehkolben (2) laufen ähnlich wie bei einer Zahnradpumpe gegeneinander und fördern so die Ansaugluft.

Bild 7
1 Einlassventil
2 Auslassventil
3 Kolben
4 Antriebswelle
5 Gehäuse

Bild 8
1 Einlassventil
2 Auslassventil
3 Membran
4 Antriebswelle

Bild 9
1 Antrieb
2 Angesaugte Luft
3 komprimierte Luft
4 Schraubenflügel

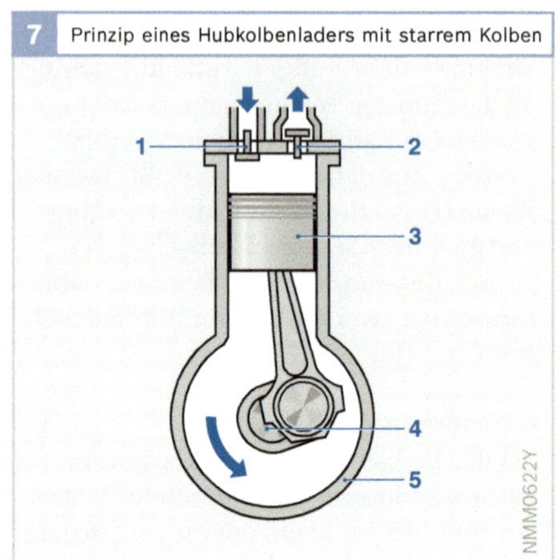

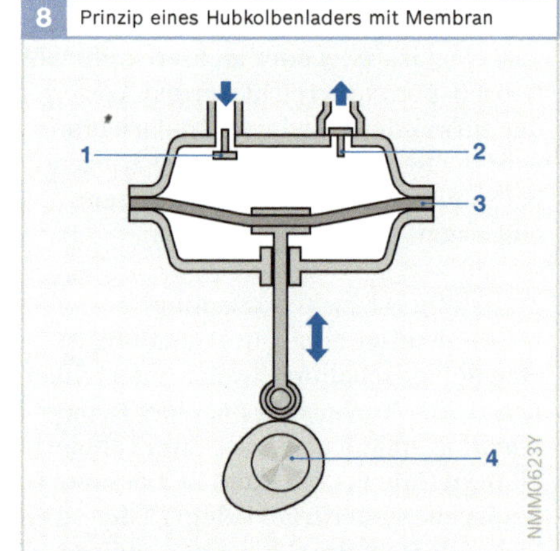

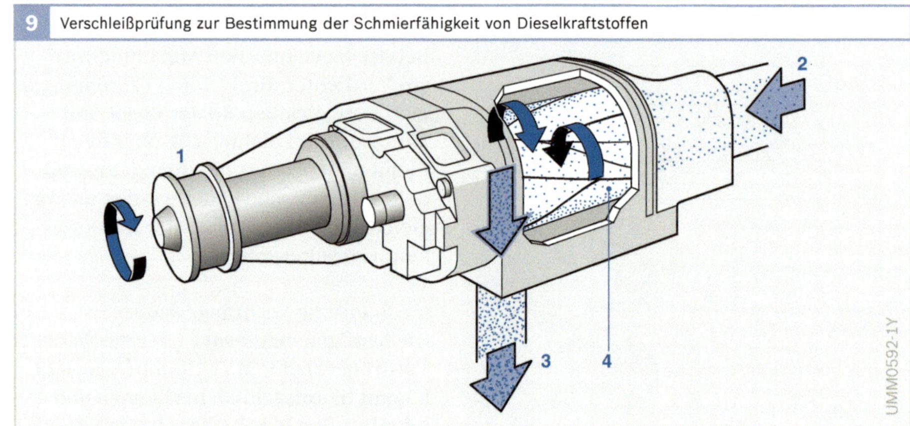

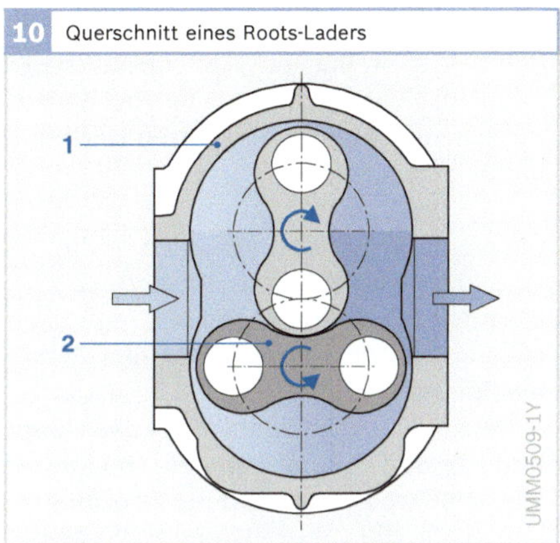

Mechanische Strömungslader

Neben den mechanischen Verdrängerladern gibt es noch Strömungslader (Radialverdichter), deren Verdichter ähnlich wie beim Abgasturbolader aufgebaut ist. Um die erforderliche hohe Umfangsgeschwindigkeit zu erreichen, werden sie über ein Getriebe angetrieben. Diese Lader bieten über einen breiten Drehzahlbereich günstige Liefergrade und können besonders bei kleinen Motoren als Alternative zur Abgasturboladung angesehen werden. Mechanische Strömungslader werden auch mechanische Kreisellader (MKL) genannt. Sie werden selten bei mittelgroßen bis großen Pkw-Motoren eingesetzt.

Ladedrucksteuerung

Ein Bypass kann beim mechanischen Lader den Ladedruck steuern. Ein Teil des verdichteten Luftstroms gelangt in die Zylinder und bestimmt die Füllung. Der andere Teil strömt über den Bypass zurück zur Ansaugseite. Die Ansteuerung des Bypassventils übernimmt das Motorsteuergerät.

Vor- und Nachteile
der mechanischen Aufladung

Wegen der direkten Kopplung von Verdichter und Kurbelwelle wird beim mechanischen Lader bei einer Drehzahlerhöhung der Verdichter unverzögert beschleunigt. Dadurch ergibt sich im dynamischen Betrieb ein höheres Motordrehmoment und ein besseres Ansprechverhalten als beim Abgasturbolader. Mit einem variablen Getriebe kann auch das Motorverhalten bei Lastwechseln verbessert werden.

Da die zum Antrieb des Verdichters notwendige Leistung (ca. 10...15 kW bei Pkw) jedoch nicht als effektive Motorleistung zur Verfügung stehen kann, steht diesen Vorteilen ein etwas höherer Kraftstoffverbrauch als bei der Aufladung mit einem Abgasturbolader entgegen. Dieser Nachteil wird gemindert, wenn der Verdichter über eine von der Motorsteuerung geschaltete Kupplung bei niedrigen Motorlasten und Motordrehzahlen abgeschaltet werden kann. Dies erhöht jedoch die Herstellkosten. Ein weiterer Nachteil der mechanischen Aufladung ist der größere erforderliche Bauraum.

Dynamische Aufladung

Eine Aufladung kann schon alleine durch Nutzung dynamischer Effekte im Saugrohr erzielt werden. Diese dynamische Aufladung spielt beim Dieselmotor keine so große Rolle wie beim Ottomotor. Beim Dieselmotor liegt das Hauptaugenmerk bei der Gestaltung des Saugrohrs auf einer gleichmäßigen Verteilung der Luft auf alle Zylinder und der Verteilung des rückgeführten Abgases. Außerdem spielt der Drall im Motorzylinder eine wichtige Rolle. Bei den relativ niedrigen Drehzahlen des Dieselmotors würde eine gezielte Auslegung des Saugrohrs für eine dynamische Aufladung extrem lange Saugrohre erfordern. Da gegenwärtig fast alle Dieselmotoren mit einem Lader ausgerüstet sind, wäre nur ein Vorteil zu erwarten, wenn bei instationären Vorgängen der Lader noch nicht genügend Druck liefert.

Generell wird das Ansaugrohr beim Dieselmotor möglichst kurz gehalten. Die Vorteile hiervon sind:
- ▶ verbessertes dynamisches Verhalten und
- ▶ ein besseres Regelverhalten der Abgasrückführung.

Drallklappen

Für die Gemischbildung spielen die Strömungsverhältnisse im Motorzylinder eine bedeutende Rolle. Diese werden wesentlich beeinflusst durch
▶ die durch die Einspritzstrahlen erzeugte Luftbewegung,
▶ die Bewegung der in den Zylinder einströmenden Luft und
▶ die Kolbenbewegung.

Beim drallunterstützen Brennverfahren wird die Luft während des Ansaug- und Verdichtungstaktes in eine Drehbewegung (Drall) versetzt, um eine gute und schnelle Gemischbildung zu erreichen. Mit geeigneten Klappen und Kanälen kann der Drall entsprechend der Motordrehzahl und Last verändert werden.

Die Einlasskanäle sind als Füllungskanal (Bild 1, Pos. 5) und Drallkanal (2) ausgelegt, wobei der Füllungskanal durch eine Klappe (Drallklappe, Pos. 6) verschlossen werden kann. Die Klappe wird vom Motorsteuergerät Kennfeldabhängig gesteuert. Neben einfachen Systemen mit den beiden Stellungen „Auf" und „Zu" gibt es auch lagegeregelte Systeme, bei denen Zwischenstellungen angefahren werden können.

Bei niedrigen Motordrehzahlen ist die Drallklappe geschlossen. Die Luft wird über den Drallkanal angesaugt, es entsteht ein starker Drall bei ausreichender Zylinderfüllung.
Bei hohen Drehzahlen öffnet die Klappe und gibt den Füllungskanal (5) frei, um eine größere Zylinderfüllung zu ermöglichen und die Motorleistung zu verbessern. Dabei verringert sich gleichzeitig der Drall.

Durch die Kennfeld-abhängige Steuerung des Dralls können im unteren Drehzahlbereich die NO_X- und Partikel-Emissionen erheblich gesenkt werden. Die durch die Kanalabschaltung bedingten Strömungsverluste führen zu einer erhöhten Ladungswechselarbeit. Durch die erzielbare bessere Gemischbildung und Verbrennung kann der dadurch entstehende Kraftstoff-Mehrverbrauch jedoch weitestgehend kompensiert werden. Abhängig von Motorlast und Drehzahl wird ein Kompromiss zwischen Emissions-, Verbrauchs- und Leistungsoptimierung angestrebt.

Die Einlasskanalabschaltung wird zurzeit bei einigen Pkw-Motoren eingesetzt und spielt eine zunehmend wichtige Rolle im Emissionsminderungs-Konzept.
Moderne Lkw-Dieselmotoren hingegen können generell mit sehr niedrigen Drallwerten arbeiten, da aufgrund der kleineren Drehzahlspanne und größerer Brennräume die Energie der Einspritzstrahlen für die Gemischbildung ausreicht.

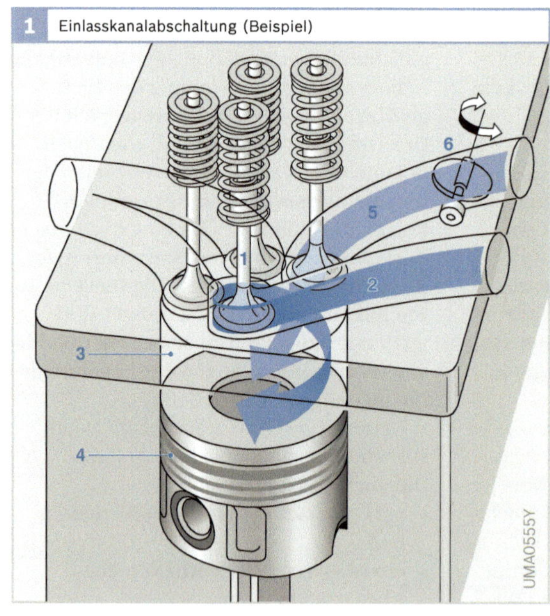

Bild 1
1 Einlassventil
2 Drallkanal
3 Motorzylinder
4 Kolben
5 Füllungskanal
6 Klappe

Motoransaugluftfilter

Der Luftfilter filtert die Motoransaugluft und verhindert damit das Eindringen von mineralischen Stäuben und Partikeln in den Motor und in das Motoröl. Dadurch reduziert er den Verschleiß z. B. in den Lagern, an den Kolbenringen und an den Zylinderwänden. Außerdem schützt er den empfindlichen Luftmassenmesser (HFM) und verhindert dort Staubablagerungen, die zu falschen Signalen, einem erhöhten Kraftstoffverbrauch und erhöhten Schadstoffemissionen führen könnten.

Typische Luftverunreinigungen sind z. B. Ölnebel, Aerosole, Dieselruß, Industrieabgase, Pollen und Staub. Die vom Motor mit der Luft angesaugten Staubteilchen besitzen einen Durchmesser von ca. 0,01 µm (Rußpartikel) bis ca. 2 mm (Sandkörner).

Filtermedium und Aufbau

Bei den Luftfiltern handelt es sich meist um Tiefenfilter, die die Partikel - im Gegensatz zu den Oberflächenfiltern - in der Struktur des Filtermediums zurückhalten. Tiefenfilter mit hoher Staubspeicherfähigkeit sind immer dann vorteilhaft, wenn große Volumenströme mit geringen Partikelkonzentrationen wirtschaftlich gefiltert werden müssen.

Luftfilter erreichen massebezogene Gesamtabscheidegrade von bis zu 99,8 % (Pkw) bzw. 99,95 % (Nkw). Diese Werte sollten unter allen herrschenden Bedingungen eingehalten werden können, auch unter den dynamischen Bedingungen, wie sie im Ansaugtrakt des Motors herrschen (Pulsation). Filter mit unzureichender Qualität zeigen dann einen erhöhten Staubdurchbruch.

Die Auslegung der Filterelemente erfolgt individuell für jeden Motor. Damit bleiben die Druckverluste minimal und auch die hohen Abscheidegrade sind unabhängig vom Luftdurchsatz. Bei den Filterelementen, die es als Flachfilter oder in zylindrischen Ausführungen gibt, ist das Filtermedium in gefalteter Form eingebaut, um auf kleinstem Raum ein Maximum an Filterfläche unterbringen zu können. Durch entsprechende Prägung und Imprägnierungen erhalten diese bisher zumeist auf Zellulosefasern basierenden Medien die erforderliche mechanische Festigkeit und eine ausreichende Wassersteifigkeit und Beständigkeit gegen Chemikalien.

Die Elemente werden nach den vom Fahrzeughersteller festgelegten Intervallen gewechselt.

Die Forderungen nach kleinen, leistungsstarken Filterelementen (weniger Bauraum) bei gleichzeitig verlängerten Serviceintervallen treibt die Entwicklung neuer, innovativer Luftfiltermedien voran. Neue Luftfiltermedien aus synthetischen Fasern (Bild 1) mit teilweise stark verbesserten Leistungsdaten sind bereits in Serie eingeführt.

Bessere Werte als mit reinen Zellulosemedien werden auch mit „Composite-Qualitäten" (z. B. Papier mit Meltblown-Auflage) und speziellen Nanofaser-Filtermedien erreicht, bei denen auf einer relativ groben Stützschicht aus Zellulose ultradünne Fasern mit Durchmessern von nur 30...40 nm aufgebracht sind. Neue Faltstrukturen mit wechselseitig verschlossenen Kanälen, ähnlich wie bei den Dieselrußfiltern, stehen kurz vor der Markteinführung.

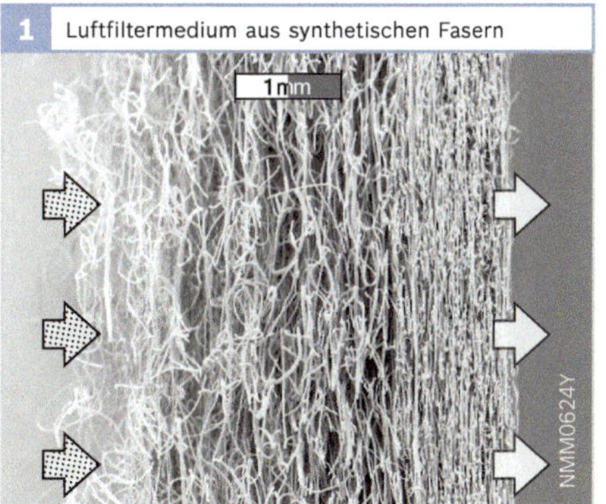

Bild 1
Synthetisches Hochleistungs-Filtervlies mit kontinuierlich zunehmender Dichte und abnehmendem Faserdurchmesser über den Querschnitt von der Ansaug- zur Reinluftseite.
Quelle: Freudenberg Vliesstoffe KG

Konische, ovale und stufige sowie trapezförmige Geometrien ergänzen die Standardbauformen, um den immer knapper werdenden Bauraum im Motorraum optimal ausnutzen zu können.

Schalldämpfer

Früher wurden die Luftfiltergehäuse fast ausschließlich als „Dämpferfilter" ausgeführt. Das große Volumen ist bei diesen Gehäusen für akustische Zwecke ausgelegt. Mittlerweile werden zunehmend die beiden Funktionen „Filtration" und „Akustik/Motorgeräuschreduzierung" getrennt und die einzelnen Resonatoren separat optimiert. So lässt sich auch das Filtergehäuse in seinen Ausmaßen minimieren. Dadurch entstehen sehr flache Filter, die z. B. in die Designabdeckungen der Motoren integriert werden können, während die Resonatoren an weniger zugänglichen Stellen im Motorraum Platz finden.

Luftfilter für Pkw

Das Pkw-Luftansaugmodul (Bild 2) umfasst neben dem Gehäuse (1 und 3) mit dem zylindrischen Luftfilterelement (2) die gesamten Zuführleitungen (5 und 6) und das Saugmodul (4). Dazwischen verteilt sind Helmholtz-Resonatoren und Lambda-Viertelrohre für die Akustik. Mithilfe dieser kompletten Systemoptimierung lassen sich die Einzelkomponenten besser aufeinander abstimmen und die immer schärfer werdenden Anforderungen an die Akustik (Lärmpegel) einhalten.

Zunehmend nachgefragt werden Bauteile zur Wasserabscheidung, die in das Luftansaugsystem integriert werden. Sie dienen vor allem dem Schutz des Luftmassenmessers (HFM), der den Luftmassenstrom misst. Wassertröpfchen, die bei ungünstiger Anordnung des Ansaugstutzens, bei starkem Regen, schwallartigem Spritzwasser (z. B. bei Geländefahrzeugen) oder Schneefall mit angesaugt werden und zum Sensor gelangen, können zu einer fehlerhaften Erfassung der Zylinderfüllung führen.

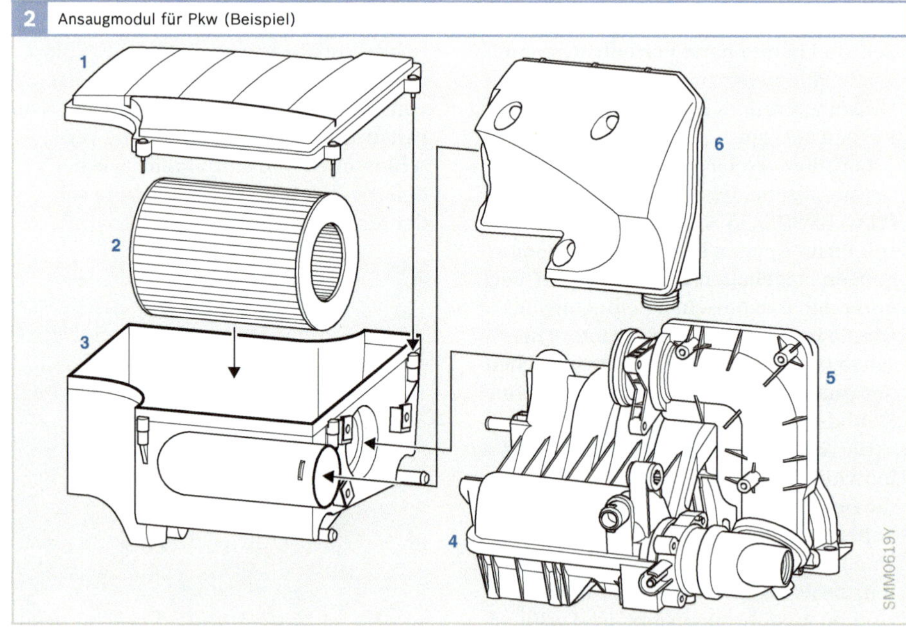

2 Ansaugmodul für Pkw (Beispiel)

Bild 2
1 Gehäusedeckel
2 Filterelement
3 Filtergehäuse
4 Saugmodul
5 Zuführleitung
6 Zuführleitung

Zur Abscheidung der Wassertropfen
kommen in die Ansaugleitung eingebaute
Prallbleche oder zyklon-ähnliche Kon-
struktionen („Schälkragen") zum Einsatz.
Je kürzer der Weg vom Lufteinlass bis zum
Filterelement ist, um so schwieriger wird
eine Lösung, da nur sehr geringe Strö-
mungsdruckverluste erlaubt sind. Man
kann aber auch entsprechend aufgebaute
Filterelemente einsetzen, welche die Wassertropfen sammeln (koaleszieren) und
den Wasserfilm noch vor dem eigentlichen
Partikelfilterelement nach außen ableiten.
Ein speziell dazu konstruiertes Gehäuse
unterstützt diesen Vorgang. Diese Anordnung kann auch bei sehr kurzen Rohluft-
leitungen erfolgreich zur Wasserabscheidung eingesetzt werden.

Luftfilter für Nkw

Bild 3 zeigt einen wartungsfreundlichen
und gewichtsoptimierten Luftfilter aus
Kunststoff für Nutzfahrzeuge. Neben
einer höheren Abscheideleistung sind die
dazu passenden Filterelemente so dimensioniert, dass Serviceintervalle von über
100 000 km möglich sind. Sie liegen damit
deutlich über denen von Pkw.

In Ländern mit hohen Staubbelastungen,
aber auch bei Baumaschinen und in der
Landwirtschaft, ist dem Filterelement
ein Vorabscheider vorgeschaltet. Dieser
Abscheider trennt die grobe, massereiche

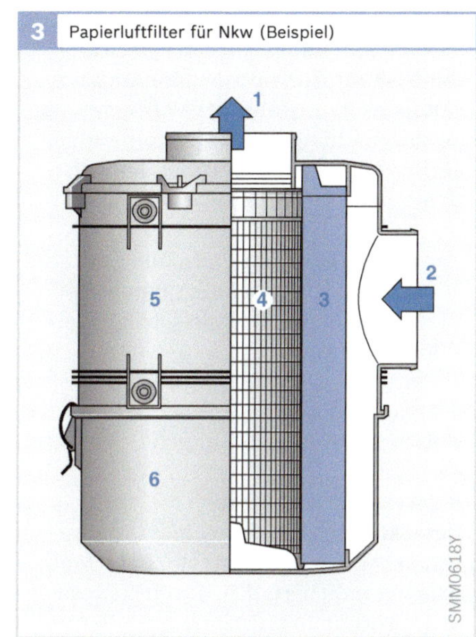

Bild 3
1 Luftaustritt
2 Lufteintritt
3 Filtereinsatz
4 Stützrohr
5 Gehäuse
6 Staubtopf

Staubfraktion ab und erhöht somit die
Standzeit des Feinfilterelements erheblich.
Im einfachsten Fall handelt es sich um
einen Leitschaufelkranz, der die einströ-
mende Luft in Rotation versetzt. Durch
die Fliehkraft werden die groben Staub-
partikel abgeschieden. Aber erst vorgeschaltete, auf das nachfolgende Filterelement optimierte Minizyklonbatterien
schöpfen das Potenzial von Fliehkraftab-
scheidern in Nkw-Luftfiltern richtig aus.

Grundlagen der Dieseleinspritzung

Die Verbrennungsvorgänge im Dieselmotor – und damit die Motorleistung, der Kraftstoffverbrauch, die Abgaszusammensetzung und das Verbrennungsgeräusch – hängen in entscheidendem Maße von der Aufbereitung des Luft-Kraftstoff-Gemischs ab.

Für die Qualität der Gemischbildung sind in erster Linie folgende Parameter der Kraftstoffeinspritzung ausschlaggebend:
- Einspritzbeginn,
- Einspritzverlauf und -dauer,
- Einspritzdruck,
- Anzahl der Einspritzungen.

Beim Dieselmotor werden die Abgas- und Geräuschemissionen zu einem wesentlichen Teil durch innermotorische Maßnahmen reduziert, d. h. durch Steuerung des Verbrennungsablaufs.

Bis in die 1980er-Jahre wurde bei Fahrzeugmotoren die Einspritzmenge und der Einspritzbeginn ausschließlich mechanisch geregelt. Die Einhaltung der aktuellen Abgasgrenzwerte erfordert jedoch eine sehr präzise und an den Betriebszustand des Motors angepasste Festlegung der Einspritzparameter für die Vor- und Haupteinspritzung wie Einspritzmenge, -druck und -beginn. Das ist nur mit einer elektronischen Regelung realisierbar, welche die Einspritzgrößen abhängig von Temperatur, Drehzahl, Last, geografischer Höhe usw. berechnet. Die Elektronische Dieselregelung (EDC) hat sich heute für Dieselfahrzeuge allgemein durchgesetzt.

Zukünftig strenger werdende Abgasnormen erfordern darüber hinaus beim Dieselmotor weitere Maßnahmen zur Schadstoffminderung. Durch sehr hohe Einspritzdrücke, wie sie derzeit beim Unit Injector System erreicht werden, und durch einen unabhängig vom Druckaufbau einstellbaren Einspritzverlauf, der beim Common Rail System realisiert ist, können die Emissionen unter Berücksichtigung des Verbrennungsgeräuschs weiter gesenkt werden.

Gemischverteilung

Luftzahl λ
Zur Kennzeichnung dafür, wie weit das tatsächlich vorhandene Luft-Kraftstoff-Gemisch vom stöchiometrischen[1] Massenverhältnis abweicht, wurde die Luftzahl λ (Lambda) eingeführt. Die Luftzahl gibt das Verhältnis von zugeführter Luftmasse zum Luftbedarf bei stöchiometrischer Verbrennung an:

$$\lambda = \frac{Masse\ Luft}{Masse\ Kraftstoff \cdot stöchiometrisches\ Verhältnis}$$

λ = 1: Die zugeführte Luftmasse entspricht der theoretisch erforderlichen Luftmasse, die notwendig ist, um den gesamten Kraftstoff zu verbrennen.

λ < 1: Es herrscht Luftmangel und damit fettes Gemisch.

λ > 1: Es herrscht Luftüberschuss und damit mageres Gemisch.

Lambda-Werte beim Dieselmotor
Fette Gemischzonen sind für eine rußende Verbrennung verantwortlich. Damit nicht zu viele fette Gemischzonen entstehen, muss – im Gegensatz zum Ottomotor – insgesamt mit Luftüberschuss gefahren wer-

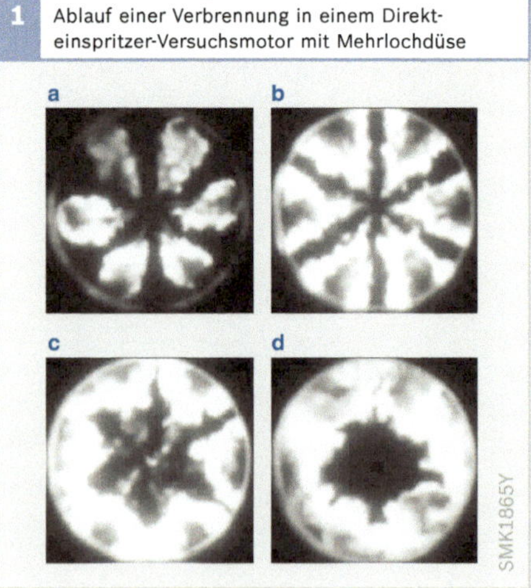

1 Ablauf einer Verbrennung in einem Direkteinspritzer-Versuchsmotor mit Mehrlochdüse

den. Die Lambda-Werte von aufgeladenen Dieselmotoren liegen bei Volllast zwischen $\lambda = 1{,}15$ und $\lambda = 2{,}0$. Bei Leerlauf und Nulllast steigen die Werte auf $\lambda > 10$. Diese Luftzahlen stellen das Verhältnis der gesamten Luft- und Kraftstoffmasse im Zylinder dar. Für die Selbstzündung und die Schadstoffbildung sind jedoch ganz wesentlich die lokalen Lambda-Werte verantwortlich, die räumlich stark schwanken.

Der Dieselmotor arbeitet mit heterogener innerer Gemischbildung und Selbstzündung. Eine vollständig homogene Vermischung des eingespritzten Kraftstoffs mit der Luft ist vor oder während der Verbrennung nicht möglich. Beim heterogenen Gemisch des Dieselmotors überdecken die lokalen Luftzahlen alle Werte von $\lambda = 0$ (reiner Kraftstoff) im Strahlkern nahe der Düsenmündung bis zu $\lambda = \infty$ (reine Luft) in der Strahlaußenzone. In der Tropfenrandzone (Dampfhülle) eines einzelnen flüssigen Tropfens treten lokal zündfähige Lambda-Werte von $0{,}3 \ldots 1{,}5$ auf (Bilder 2 und 3). Daraus lässt sich ableiten, dass durch gute Zerstäubung (viele kleine Tröpfchen), hohen Gesamtluftüberschuss und „dosierte" Ladungsbewegung viele lokale Zonen mit mageren, zündfähigen Lambda-Werten entstehen. Dies bewirkt, dass bei der Verbrennung weniger Ruß

entsteht, sodass die AGR-Verträglichkeit zunimmt, wodurch sich die NO_X-Emissionen reduzieren lassen.

Die gute Zerstäubung wird durch hohe Einspritzdrücke erreicht: Sie liegen derzeit bei maximal 2200 bar beim UIS, Common Rail Systeme arbeiten mit maximal 1800 bar Einspritzdruck. Dadurch entsteht eine hohe Relativgeschwindigkeit zwischen dem Kraftstoffstrahl und der Luft im Zylinder, die so den Kraftstoffstrahl „zerreißt".

Mit Rücksicht auf ein geringes Motorgewicht und die Kosten des Motors soll möglichst viel Leistung aus einem vorgegebenen Hubraum gewonnen werden. Bei hoher Last muss der Motor dafür mit möglichst geringem Luftüberschuss laufen. Mangelnder Luftüberschuss erhöht allerdings insbesondere die Ruß-Emissionen. Um sie zu begrenzen, muss die Kraftstoffmenge bei der verfügbaren Luftmenge und abhängig von der Drehzahl des Motors genau dosiert werden.

Niederer Luftdruck (z. B. in großer Höhe) erfordert ebenfalls ein Anpassen der Kraftstoffmenge an das geringere Luftangebot.

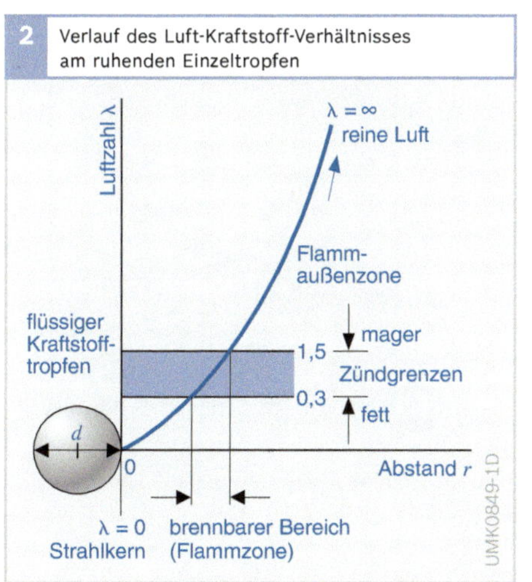

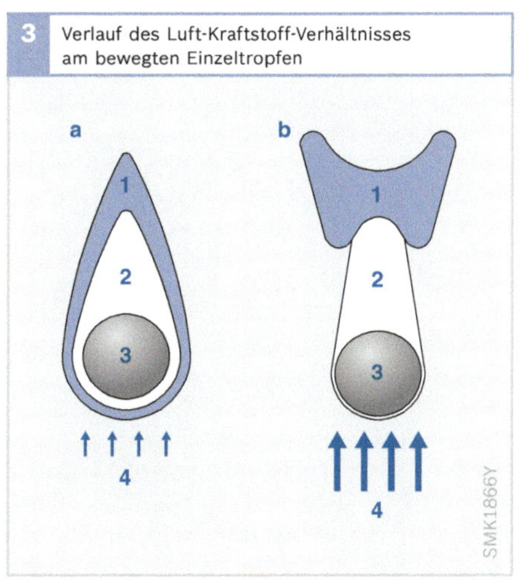

Bild 2
d Tröpfchendurchmesser (ca. $2 \ldots 20\,\mu m$)

Bild 3
a Niedrige Anströmgeschwindigkeit
b hohe Anströmgeschwindigkeit

1 Flammzone
2 Dampfzone
3 Kraftstofftropfen
4 Luftstrom

Parameter der Einspritzung

Einspritz- und Förderbeginn
Einspritzbeginn
Der Beginn der Kraftstoffeinspritzung in den Brennraum beeinflusst wesentlich den Beginn der Verbrennung des Luft-Kraftstoff-Gemischs und damit die Emissionen, den Kraftstoffverbrauch und das Verbrennungsgeräusch. Deshalb kommt dem Einspritzbeginn, auch Spritzbeginn genannt, für das optimale Motorverhalten große Bedeutung zu.

Der Einspritzbeginn gibt den Kurbelwellenwinkel in Bezug auf den oberen Totpunkt (OT) des Motorkolbens an, bei dem die Einspritzdüse öffnet und den Kraftstoff in den Brennraum des Motors einspritzt. Die momentane Lage des Kolbens zum oberen Totpunkt des Kolbens beeinflusst die Bewegung der Luft im Brennraum sowie deren Dichte und Temperatur. Demnach hängt die Mischungsqualität des Gemischs aus Luft und Kraftstoff auch vom Einspritzbeginn ab. Der Einspritzbeginn nimmt somit Einfluss auf Emissionen wie Ruß, Stickoxide (NO_X), unverbrannte Kohlenwasserstoffe (HC) und Kohlenmonoxid (CO).

Die Sollwerte für den Einspritzbeginn sind je nach Motorlast, Drehzahl und Motortemperatur verschieden. Die optimalen Werte werden für jeden Motor ermittelt, wobei die Auswirkungen auf Kraftstoffverbrauch, Schadstoff- und Geräuschemissionen berücksichtigt werden. Die so ermittelten Werte werden in einem Spritzbeginnkennfeld gespeichert (Bild 4). Über das Kennfeld wird die lastabhängige Spritzbeginnverstellung geregelt.

Common Rail Systeme bieten gegenüber nockengesteuerten Systemen zusätzliche Freiheitsgrade bei der Wahl der Anzahl und des Zeitpunkts der Einspritzungen und des Einspritzdrucks. Dies ergibt sich daraus, dass der Kraftstoffdruck von einer separaten Hochdruckpumpe aufgebaut

Bild 4
1 Kaltstart (< 0 °C)
2 Volllast
3 Teillast

Bild 5
Beispiel einer Applikation:
a_N Optimaler Spritzbeginn bei Nulllast: niedrige HC-Emissionen, während NO_X-Emissionen bei Nulllast ohnehin gering sind.
a_V Optimaler Spritzbeginn bei Volllast: niedrige NO_X-Emissionen, während HC-Emissionen bei Volllast ohnehin gering sind.

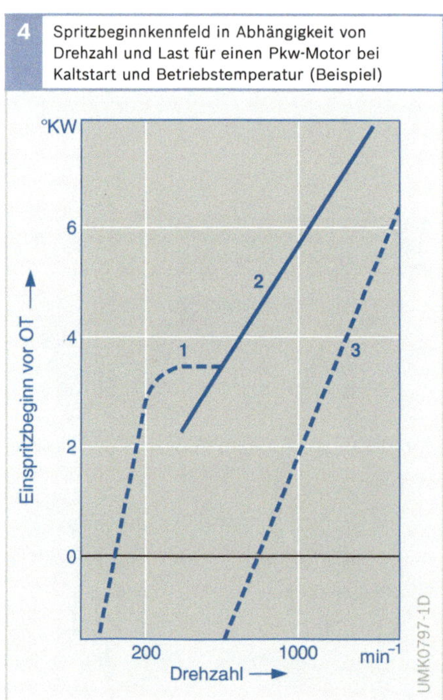

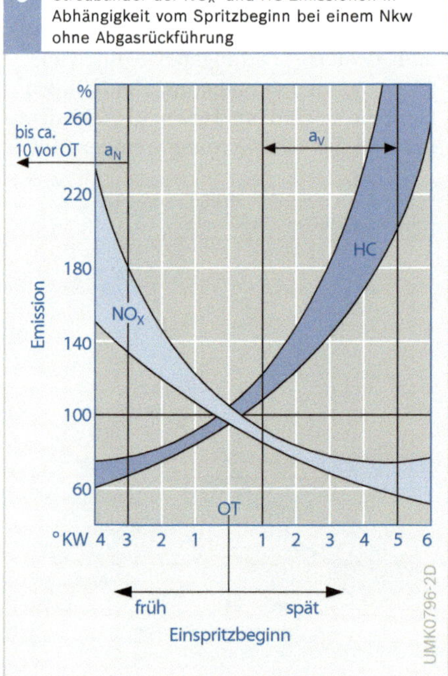

und mittels Motorsteuerung optimal an jeden Betriebspunkt angepasst wird und die Einspritzung über ein Magnetventil oder Piezoelement gesteuert wird.

Richtwerte für den Spritzbeginn
Im Kennfeld des Dieselmotors liegen die für einen niedrigen Kraftstoffverbrauch optimalen Brennbeginne zwischen ca. 0...8 °KW (Grad Kurbelwellenwinkel) vor OT. Daraus und aus den Grenzwerten für die Abgasemissionen ergeben sich folgende Spritzbeginne:

Pkw-Direkteinspritzmotoren:
▶ Nulllast: 2 °KW vor OT bis 4 °KW nach OT
▶ Teillast: 6 °KW vor OT bis 4 °KW nach OT
▶ Volllast: 6...15 °KW vor OT

Nkw-Direkteinspritzmotoren
(ohne Abgasrückführung):
▶ Nulllast: 4...12 °KW vor OT
▶ Volllast: 3...6 °KW vor OT bis 2 °KW nach OT

Bei kaltem Motor liegt der Einspritzbeginn für Pkw- und Nkw-Motoren 3...10 °KW früher. Die Brenndauer bei Volllast beträgt 40...60 °KW.

Früher Einspritzbeginn
Die höchste Kompressionstemperatur (Kompressions-Endtemperatur) stellt sich kurz vor dem oberen Totpunkt des Kolbens (OT) ein. Wird die Verbrennung weit vor OT eingeleitet, steigt der Verbrennungsdruck steil an und wirkt als bremsende Kraft gegen die Kolbenbewegung. Die dabei abgegebene Wärmemenge verschlechtert den Wirkungsgrad des Motors und erhöht somit den Kraftstoffverbrauch. Der steile Anstieg des Verbrennungsdrucks hat außerdem ein lautes Verbrennungsgeräusch zur Folge.

Ein zeitlich vorverlegter Verbrennungsbeginn erhöht die Temperatur im Brennraum. Deshalb steigen die NO_X-Emissionen und verringert sich der HC-Ausstoß (Bild 5).

Die Minimierung von Blau- und Weißrauch erfordert bei kaltem Motor frühe Spritzbeginne und/oder eine Voreinspritzung.

Später Einspritzbeginn
Ein später Spritzbeginn bei geringer Last kann zu einer unvollständigen Verbrennung und so zur Emission unvollständig verbrannter Kohlenwasserstoffe (HC) und Kohlenmonoxid (CO) führen, da die Temperatur im Brennraum bereits wieder sinkt (Bild 5).

Die zum Teil gegenläufigen Abhängigkeiten („Trade-offs") von spezifischem Kraftstoffverbrauch und HC-Emission auf der einen sowie Ruß- (Schwarzrauch) und NO_X-Emission auf der anderen Seite verlangen bei der Anpassung der Spritzbeginne an den jeweiligen Motor Kompromisse und enge Toleranzen.

Förderbeginn
Neben dem Spritzbeginn wird oft auch der Förderbeginn betrachtet. Er bezieht sich auf den Beginn der Kraftstoffmengenförderung durch die Einspritzpumpe.

Der Förderbeginn spielt bei älteren Einspritzsystemen eine Rolle, da hier die Reihen- oder Verteilereinspritzpumpe dem Motor zugeordnet werden muss. Die zeitliche Abstimmung zwischen Pumpe und Motor erfolgt bei Förderbeginn, da dieser einfacher zu bestimmen ist als der tatsächliche Spritzbeginn. Dieses Vorgehen ist möglich, weil zwischen Förderbeginn und Spritzbeginn eine definierte Beziehung besteht (Spritzverzug[1])).

Der Spritzverzug ergibt sich aus der Laufzeit der Druckwelle von der Hochdruckpumpe bis zur Einspritzdüse und hängt somit von der Leitungslänge ab. Bei verschiedenen Drehzahlen resultiert ein unterschiedlicher Spritzverzug in °KW. Der Motor hat bei höheren Drehzahlen auch einen auf die Kurbelwellenstellung bezogenen (°KW) größeren Zündverzug[2]). Beides muss kompensiert werden, weshalb bei einem Einspritzsystem eine von der Drehzahl, der Last und der Motortemperatur abhän-

[1] Zeit oder überstrichener Kurbelwellenwinkel (°KW) von Förderbeginn bis Einspritzbeginn

[2] Zeit oder überstrichener Kurbelwellenwinkel (°KW) von Einspritzbeginn bis Zündbeginn

gige mechanische oder elektronische Verstellung des Förder- bzw. Spritzbeginns vorhanden sein muss.

Einspritzmenge

Die benötigte Kraftstoffmasse m_e für einen Motorzylinder pro Arbeitstakt berechnet sich nach folgender Formel:

$$m_e = \frac{P \cdot b_e \cdot 33,33}{n \cdot z} \ [\text{mg/Hub}]$$

P Motorleistung in kW
b_e spezifischer Kraftstoffverbrauch
    des Motors in g/kWh
n Motordrehzahl in min^{-1}
z Anzahl der Motorzylinder

Das entsprechende Kraftstoffvolumen (Einspritzmenge) Q_H in mm^3/Hub bzw. mm^3/Einspritzzyklus ist dann:

$$Q_H = \frac{P \cdot b_e \cdot 1000}{30 \cdot n \cdot z \cdot \rho} \ [\text{mm}^3/\text{Hub}]$$

Die Kraftstoffdichte ρ in g/cm^3 ist temperaturabhängig.
  Die vom Motor abgegebene Leistung ist bei angenommenem konstantem Wirkungsgrad ($\eta \sim 1/b_e$) direkt proportional zur Einspritzmenge.

Die vom Einspritzsystem eingespritzte Kraftstoffmasse hängt von folgenden Größen ab:
▶ Zumessquerschnitt der Einspritzdüse,
▶ Dauer der Einspritzung,
▶ Differenzdruckverlauf zwischen dem Einspritzdruck und dem Druck im Brennraum des Motors sowie
▶ Dichte des Kraftstoffs.

Dieselkraftstoff ist kompressibel, d. h., er wird bei hohen Drücken verdichtet. Dies erhöht die Einspritzmenge; durch die Abweichung der Sollmenge im Kennfeld zur Istmenge werden die Leistung und der Schadstoffausstoß beeinflusst. Durch präzise arbeitende Einspritzsysteme mit elektronischer Dieselregelung kann dieser Einfluss kompensiert und die erforderliche

Einspritzmenge sehr genau zugemessen werden.

Einspritzdauer

Eine Hauptgröße des Einspritzverlaufs ist die Einspritzdauer, während der die Einspritzdüse geöffnet ist und Kraftstoff in den Brennraum eingespritzt wird. Sie wird in Grad Kurbelwellen- bzw. Nockenwellenwinkel (°KW bzw. °NW) oder in Millisekunden angegeben. Die verschiedenen Diesel-Verbrennungsverfahren erfordern jeweils eine unterschiedliche Einspritzdauer (ungefähre Angaben bei Nennleistung):
▶ Pkw-Direkteinspritzmotoren
   ca. 32...38 °KW,
▶ Pkw-Kammermotoren 35...40 °KW und
▶ Nkw-Direkteinspritzmotoren
   25...36 °KW.

Ein während der Einspritzdauer überstrichener Kurbelwellenwinkel von 30 °KW entspricht 15 °NW. Dies ergibt bei einer Einspritzpumpendrehzahl[3] von 2000 min^{-1} eine Einspritzdauer von 1,25 ms.

Um den Kraftstoffverbrauch und die Emission gering zu halten, muss die Einspritzdauer abhängig vom Betriebspunkt festgelegt und auf den Einspritzbeginn abgestimmt sein (Bilder 6 und 9).

Einspritzverlauf

Der Einspritzverlauf beschreibt den zeitlichen Verlauf des Kraftstoffmassenstroms, der während der Einspritzdauer in den Brennraum eingespritzt wird.

Einspritzverlauf bei nockengesteuerten Einspritzsystemen

Bei nockengesteuerten Einspritzsystemen wird der Druck während des Einspritzvorgangs durch einen Pumpenkolben kontinuierlich aufgebaut. Dabei hat die Kolbengeschwindigkeit direkten Einfluss auf die Fördergeschwindigkeit und somit auf den Einspritzdruck.
  Bei kantengesteuerten Verteiler- und Reiheneinspritzpumpen lässt sich keine

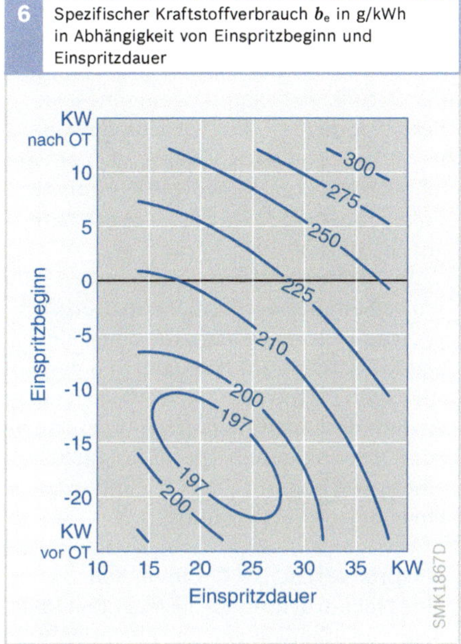

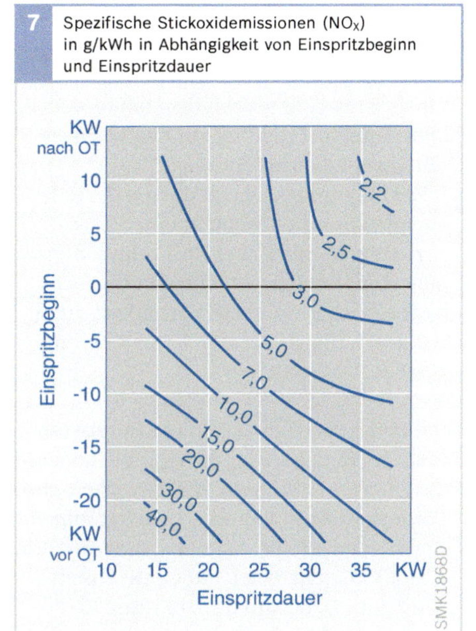

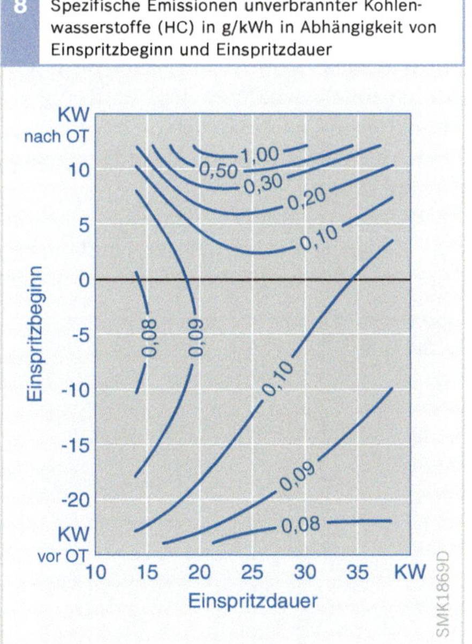

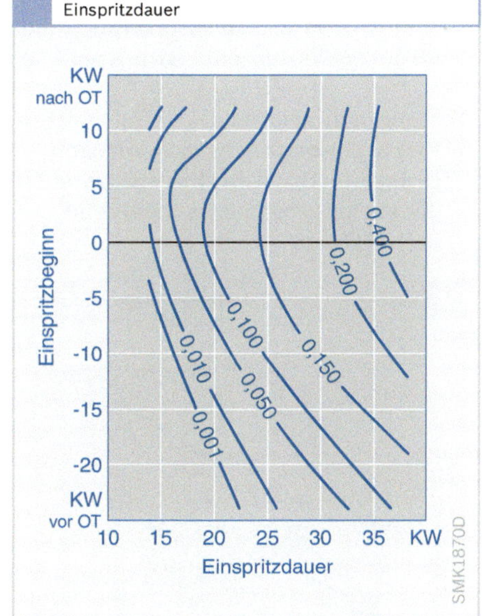

Bilder 6 bis 9
Motor:
Sechszylinder-Nkw-Dieselmotor mit Common Rail Einspritzsystem.
Betriebspunkt:
n = 1400 min⁻¹, 50 % Volllast.

Die Variation der Einspritzdauer erfolgt in diesem Beispiel durch Veränderung des Einspritzdrucks derart, dass sich je Einspritzvorgang eine konstante Einspritzmenge ergibt.

Voreinspritzung realisieren. Zweifederdüsenhalter bieten hier jedoch die Möglichkeit, zu Beginn der Einspritzung die Einspritzrate zu verringern, um eine Verbesserung im Hinblick auf das Verbrennungsgeräusch zu erzielen.

Bei magnetventilgesteuerten Verteilereinspritzpumpen ist auch eine Voreinspritzung möglich. Bei Unit Injector Systemen (UIS) für Pkw ist eine mechanisch-hydraulisch gesteuerte Voreinspritzung realisiert, die aber zeitlich nur begrenzt gesteuert werden kann.

Die Druckerzeugung und die Bereitstellung der Einspritzmenge sind bei nockengesteuerten Systemen durch Nocken und Förderkolben gekoppelt. Dies hat folgende Konsequenzen für das Einspritzverhalten:
▶ Der Einspritzdruck steigt mit zunehmender Drehzahl und, bis zum Erreichen des Maximaldrucks, mit der Einspritzmenge (Bild 10),
▶ zu Beginn der Einspritzung steigt der Einspritzdruck an, fällt aber vor dem Ende der Einspritzung (ab Förderende) wieder bis auf den Düsenschließdruck ab.

Die Folgen hiervon sind:
▶ Kleine Einspritzmengen werden mit geringeren Drücken eingespritzt und
▶ der Einspritzverlauf ist annähernd dreieckförmig.

Dieser dreieckförmige Verlauf ist in der Teillast und im unteren Drehzahlbereich für die Verbrennung günstig, da ein weicher Druckanstieg und damit eine leise Verbrennung erreicht wird; ungünstig ist dieser Verlauf bei Volllast, da hier ein möglichst rechteckförmiger Verlauf mit hohen Einspritzraten eine bessere Luftausnutzung erzielt.

Bei Kammermotoren (Vorkammer- oder Wirbelkammermotoren) werden Drosselzapfendüsen verwendet, die einen einzigen Kraftstoffstrahl erzeugen und den Einspritzverlauf formen. Diese Einspritzdüsen steuern den Ausflussquerschnitt abhängig vom Düsennadelhub. Dies führt auch zu einem weichen Druckanstieg und somit zu einer „leisen Verbrennung".

Einspritzverlauf bei Common Rail
Eine Hochdruckpumpe erzeugt den Raildruck unabhängig von der Einspritzung. Der Einspritzdruck ist während des Einspritzvorgangs näherungsweise konstant (Bild 11). Die eingespritzte Kraftstoffmenge ist bei gegebenem Druck proportional zur Einschaltzeit des Ventils im Injektor und unabhängig von der Motor- bzw. der Pumpendrehzahl (zeitgesteuerte Einspritzung).

Hieraus resultiert ein nahezu rechteckiger Einspritzverlauf, der aufgrund kurzer Spritzdauern und nahezu konstant hoher

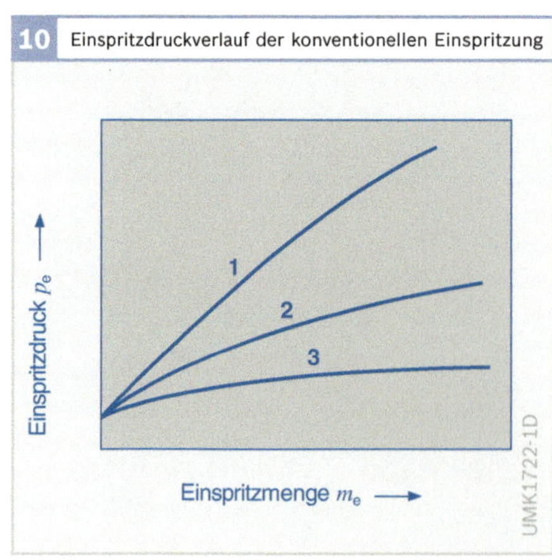

10 Einspritzdruckverlauf der konventionellen Einspritzung

Bild 10
1 Hohe Motordrehzahlen
2 mittlere Motordrehzahlen
3 niedrige Motordrehzahlen

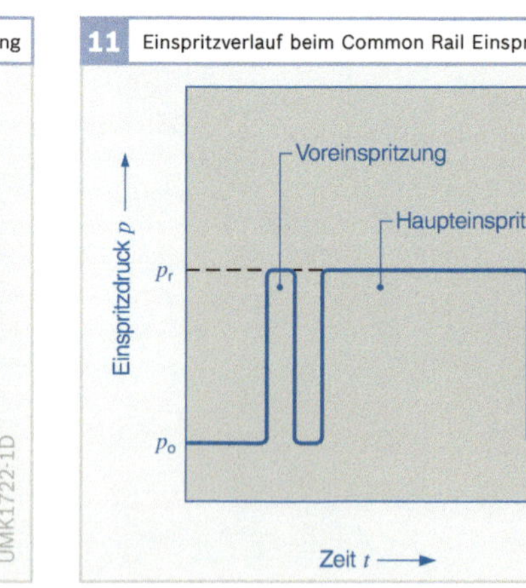

11 Einspritzverlauf beim Common Rail Einspritzsystem

Bild 11
p_r Raildruck
p_o Düsenöffnungsdruck

Strahlgeschwindigkeiten die Luftausnutzung bei Volllast intensiviert und somit höhere spezifische Leistungen zulässt.

Hinsichtlich des Verbrennungsgeräusches ist dies eher ungünstig, da durch die hohe Einspritzrate zu Beginn der Einspritzung eine große Menge Kraftstoff während des Zündverzugs eingespritzt wird und zu einem hohen Druckanstieg während der vorgemischten Verbrennung führt. Aufgrund der Möglichkeit, bis zu zwei Voreinspritzungen abzusetzen, kann der Brennraum jedoch vorkonditioniert werden, wodurch der Zündverzug verkürzt wird und so niedrigste Geräuschwerte realisiert werden können.

Da das Steuergerät die Injektoren ansteuert, können Einspritzbeginn, Einspritzdauer und Einspritzdruck für die verschiedenen Betriebspunkte des Motors bei der Motorapplikation frei festgelegt werden. Sie werden mittels der Elektronischen Dieselregelung (EDC) gesteuert. Über einen Injektormengenabgleich (IMA) gleicht die EDC dabei Mengenstreuungen der einzelnen Injektoren aus.

Moderne Piezo Common Rail Einspritzsysteme erlauben mehrere Vor- und Nacheinspritzungen, wobei bis zu fünf Einspritzvorgänge während eines Arbeitstaktes möglich sind.

Einspritzfunktionen

Je nach Motorapplikation werden folgende Einspritzfunktionen gefordert (Bild 12):
- *Voreinspritzung* (1) zur Verminderung des Verbrennungsgeräusches und der NO_X-Emissionen, besonders bei DI-Motoren,
- *ansteigender Druckverlauf* während der Haupteinspritzung (3) zur Verminderung der NO_X-Emissionen beim Betrieb ohne Abgasrückführung,
- *„bootförmiger" Druckverlauf* (4) während der Haupteinspritzung zur Verminderung der NO_X- und Rußemissionen beim Betrieb ohne Abgasrückführung,
- *konstant hoher Druck* während der Haupteinspritzung (3, 7) zur Verminderung der Rußemissionen beim Betrieb mit Abgasrückführung,
- *frühe Nacheinspritzung* (8) zur Verminderung der Rußemissionen,

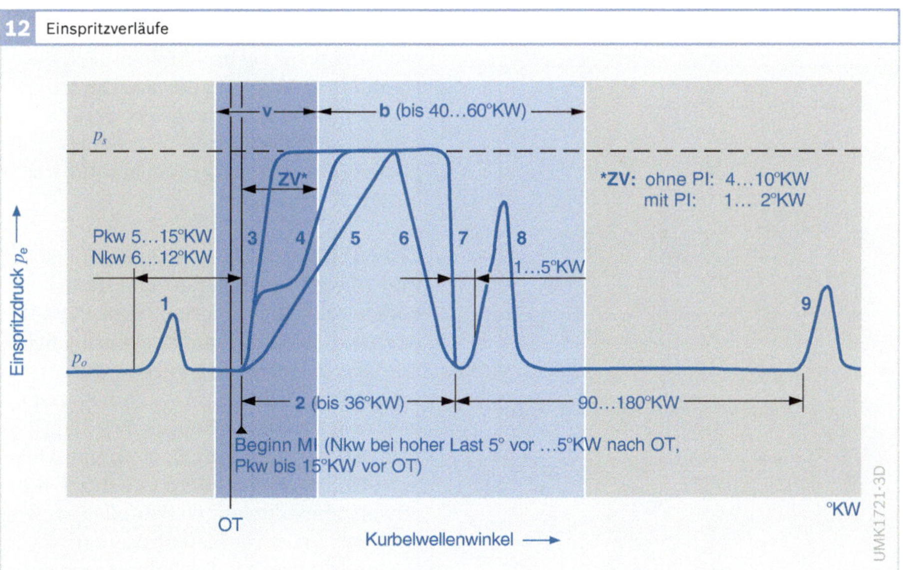

12 Einspritzverläufe

▶ *späte Nacheinspritzung* (9) zur Regeneration nachgeschalteter Abgasnachbehandlungssysteme.

Voreinspritzung

Durch die Verbrennung einer geringen Kraftstoffmenge (ca. 1 mg) während der Kompressionsphase wird das Druck- und Temperaturniveau im Zylinder zum Zeitpunkt der Haupteinspritzung erhöht (Bild 13). Hierdurch verkürzt sich der Zündverzug der Haupteinspritzung. Dies wirkt sich günstig auf das Verbrennungsgeräusch aus, da der Kraftstoffanteil der vorgemischten Verbrennung abnimmt. Gleichzeitig nimmt die diffusiv verbrannte Kraftstoffmenge zu. Dadurch und wegen des angehobenen Temperaturniveaus im Zylinder nehmen die Ruß- und NO_X-Emissionen zu.

Andererseits sind die höheren Brennraumtemperaturen vor allem beim Kaltstart und im unteren Lastbereich günstig, um die Verbrennung zu stabilisieren und damit die HC- und CO-Emissionen zu senken.

Durch eine Anpassung des zeitlichen Abstandes zwischen Vor- und Haupteinspritzung und Dosierung der Voreinspritzmenge lässt sich betriebspunktabhängig ein günstiger Kompromiss zwischen Ver-

brennungsgeräusch und NO_X-Emissionen einstellen.

Späte Nacheinspritzung

Bei der späten Nacheinspritzung wird der Kraftstoff nicht verbrannt, sondern durch die Restwärme im Abgas verdampft. Die Nacheinspritzung folgt der Haupteinspritzung während des Expansions- oder Ausstoßtaktes bis 200 °KW nach OT. Sie bringt eine genau dosierte Menge Kraftstoff in das Abgas ein. Dieses Abgas-Kraftstoff-Gemisch wird im Ausstoßtakt über die Auslassventile zur Abgasanlage geführt.

Die späte Nacheinspritzung dient im Wesentlichen zur Bereitstellung von Kohlenwasserstoffen, die durch Oxidation an einem Oxidationskatalysator ebenfalls eine Erhöhung der Abgastemperatur bewirken. Diese Maßnahme wird zur Regeneration nachgeschalteter Abgasnachbehandlungssysteme wie Partikelfilter oder NO_X-Speicherkatalysatoren eingesetzt.

Da die späte Nacheinspritzung zu einer Verdünnung des Motoröls durch den Dieselkraftstoff führen kann, muss sie mit dem Motorhersteller abgestimmt sein.

Frühe Nacheinspritzung

Beim Common Rail System kann eine Nacheinspritzung unmittelbar nach der Haupteinspritzung in die noch andauernde Verbrennung realisiert werden. Rußpartikel werden auf diese Weise nachverbrannt und der Rußausstoß um 20...70 % verringert.

Zeitverhalten im Einspritzsystem

Bild 14 stellt am Beispiel einer Radialkolben-Verteilereinspritzpumpe (VP44) dar, wie der Nocken am Nockenring die Förderung einleitet und der Kraftstoff schließlich an der Düse austritt. Es zeigt, dass sich Druck- und Einspritzverlauf vom Hochdruckraum (Elementraum) bis zur Düse stark verändern und durch die einspritzbestimmenden Bauteile (Nocken, Element, Druckventil, Leitung und Düse) beeinflusst werden. Deshalb ist eine ge-

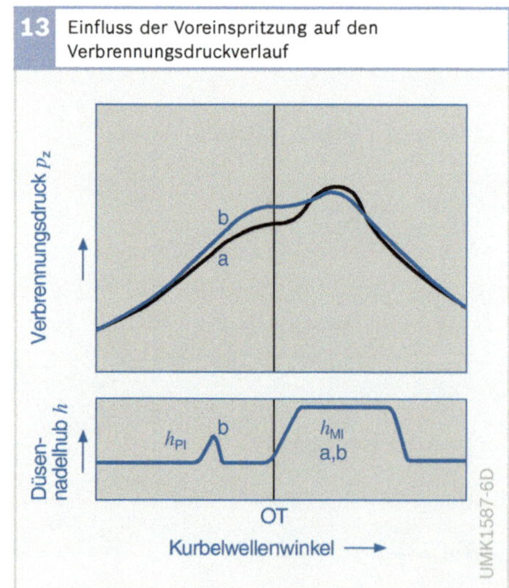

Bild 13

a Ohne Voreinspritzung

b mit Voreinspritzung

h_{PI} Nadelhub bei der Voreinspritzung

h_{MI} Nadelhub bei der Haupteinspritzung

naue Abstimmung des Einspritzsystems auf den Motor notwendig.

Bei allen Einspritzsystemen, bei denen der Druck durch einen Pumpenkolben aufgebaut wird (Reiheneinspritzpumpen, Unit Injector und Unit Pump) ist das Verhalten ähnlich.

Schadvolumen bei konventionellen Einspritzsystemen

Der Begriff Schadvolumen bezeichnet das hochdruckseitige Volumen des Einspritzsystems. Dies setzt sich aus dem Hochdruckbereich der Einspritzpumpe, den Kraftstoffleitungen und dem Volumen der Düsenhalterkombination zusammen. Das Schadvolumen wird bei jeder Einspritzung „aufgepumpt" und am Ende wieder entspannt. Dadurch entstehen Kompressionsverluste und der Einspritzverlauf wird verschleppt. Im „fadenförmigen" Volumen der Leitung wird der Kraftstoff dabei durch die dynamischen Vorgänge der Druckwelle komprimiert.

Je größer das Schadvolumen ist, desto schlechter ist der hydraulische Wirkungsgrad des Einspritzsystems. Ziel bei der Entwicklung eines Einspritzsystems ist es daher, das Schadvolumen so klein wie möglich zu halten. Beim Unit Injector System ist das Schadvolumen am kleinsten.

Um eine einheitliche Regelung für den Motor zu gewährleisten, müssen die Schadvolumina für alle Zylinder gleich groß sein.

Einspritzdruck

Beim Einspritzen wird die Druckenergie im Kraftstoff in Strömungsenergie umgesetzt. Ein hoher Kraftstoffdruck führt zu einer hohen Austrittgeschwindigkeit des Kraftstoffs am Ausgang der Einspritzdüse. Die Zerstäubung erfolgt über den Impulsaustausch des turbulenten Einspritzstrahls mit der Luft im Brennraum. Der Dieselkraftstoff wird deshalb umso feiner zerstäubt, je höher die Relativgeschwindigkeit zwischen Kraftstoff und Luft und je höher die Dichte der Luft im Brennraum ist. Durch

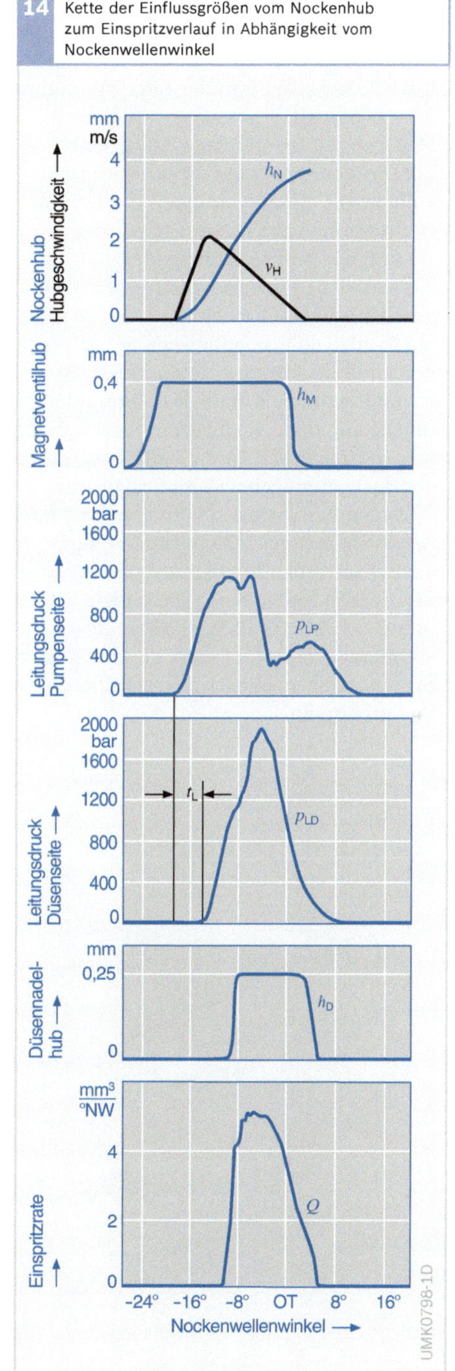

Bild 14

Beispiel einer Radialkolben-Verteilereinspritzpumpe (VP-44) bei Volllast ohne Voreinspritzung

t_L Laufzeit des Kraftstoffs in der Leitung

eine auf die reflektierte Druckwelle abgestimmte Länge der Hochdruck-Kraftstoffleitung kann der Einspritzdruck an der Düse höher sein als in der Einspritzpumpe.

Motoren mit Direkteinspritzung (DI)

Bei Dieselmotoren mit direkter Einspritzung ist die Geschwindigkeit der Luft im Brennraum verhältnismäßig gering, da sie sich nur aufgrund ihrer Massenträgheit bewegt (d. h., die Luft will ihre Eintrittsgeschwindigkeit beibehalten, es entsteht ein Drall). Die Kolbenbewegung verstärkt den Drall im Zylinder, da die Quetschströmung die Luft in die Kolbenmulde und so auf einen geringeren Durchmesser zwingt. Insgesamt ist die Luftbewegung aber geringer als bei Kammermotoren.

Wegen der geringen Luftbewegung muss der Kraftstoff mit hohem Druck eingespritzt werden. Einspritzsysteme erzeugen derzeit bei Volllast Spitzendrücke von 1000...2200 bar. Der Spitzendruck steht jedoch – außer beim Common Rail System – nur im oberen Drehzahlbereich zur Verfügung.

Für einen günstigen Drehmomentverlauf bei gleichzeitig raucharmem Betrieb (d. h. bei geringen Partikelemissionen) ist ein verhältnismäßig hoher, an das Brennverfahren angepasster Einspritzdruck bei niedrigen Volllastdrehzahlen entscheidend. Da bei niedrigen Drehzahlen die Luftdichte im Zylinder verhältnismäßig gering ist, muss der Einspritzdruck so weit begrenzt werden, dass ein Kraftstoffwandauftrag vermieden wird. Ab etwa 2000 min^{-1} ist der maximale Ladedruck verfügbar, sodass der Einspritzdruck auf den maximalen Wert angehoben werden kann.

Um einen günstigen Motorwirkungsgrad zu erzielen, muss die Einspritzung innerhalb eines bestimmten, drehzahlabhängigen Winkelfensters um OT herum erfolgen. Bei hohen Drehzahlen (Nennleistung) sind daher hohe Einspritzdrücke erforderlich, um die Einspritzdauer zu verkürzen.

Motoren mit indirekter Einspritzung (IDI)

Bei Dieselmotoren mit geteiltem Brennraum treibt der ansteigende Verbrennungsdruck die Ladung aus der Vor- oder Wirbelkammer (Nebenbrennraum) in den Hauptbrennraum. Dieses Verfahren arbeitet mit hohen Luftgeschwindigkeiten im Nebenbrennraum und im Verbindungskanal zwischen Neben- und Hauptbrennraum.

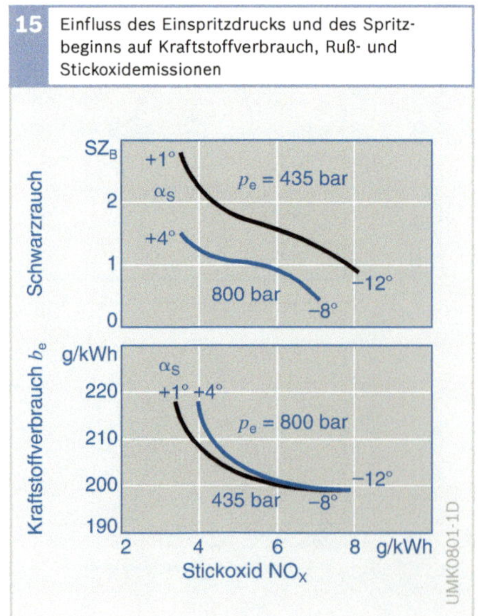

15 Einfluss des Einspritzdrucks und des Spritzbeginns auf Kraftstoffverbrauch, Ruß- und Stickoxidemissionen

Bild 15
Direkteinspritzmotor,
Motordrehzahl
1200 min^{-1},
Mitteldruck 16,2 bar

p_e Einspritzdruck
α_S Spritzbeginn nach
OT
SZ$_B$ Schwärzungszahl

Düsen- und Düsenhalter-Ausführung

Nachspritzer

Besonders ungünstig auf die Abgasqualität wirken sich ungewollte „Nachspritzer" aus. Beim Nachspritzen öffnet die Einspritzdüse nach dem Schließen noch einmal kurz und spritzt zu einem späten Zeitpunkt der Verbrennung schlecht aufbereiteten Kraftstoff ab. Dieser Kraftstoff verbrennt unvollständig oder gar nicht und strömt als unverbrannter Kohlenwasserstoff in den Auspuff. Schnell schließende Düsenhalterkombinationen mit ausreichend hohem Schließdruck und niedrigem Standdruck in der Leitung verhindern diesen Effekt.

Restvolumen

Ähnlich wie das Nachspritzen wirkt sich das Restvolumen in der Einspritzdüse stromabwärts des Dichtsitzes aus. Der in einem solchen Volumen gespeicherte Kraftstoff tritt nach dem Abschluss der Verbrennung in den Brennraum aus und strömt ebenfalls teilweise in den Auspuff. Auch dieser Kraftstoff erhöht die Emission der unverbrannten Kohlenwasserstoffe (Bild 16). Sitzlochdüsen, bei denen die Spritzlöcher in den Dichtsitz gebohrt sind, weisen das kleinste Restvolumen auf.

Einspritzrichtung

Motoren mit Direkteinspritzung (DI)

Dieselmotoren mit direkter Einspritzung arbeiten im Allgemeinen mit möglichst zentral angeordneten Lochdüsen mit 4 bis 10 Spritzlöchern (meist 6 bis 8 Löcher). Die Einspritzrichtung ist sehr genau an den Brennraum angepasst. Abweichungen in der Größenordnung von 2 Grad von der optimalen Einspritzrichtung führen zu einer messbaren Erhöhung der Rußemissionen und des Kraftstoffverbrauchs.

Motoren mit indirekter Einspritzung (IDI)
Kammermotoren arbeiten mit Zapfendüsen mit nur einem Einspritzstrahl. Die Düse spritzt in die Vor- bzw. Wirbelkammer so ein, dass die Glühstiftkerze vom Einspritzstrahl tangiert wird. Die Strahlrichtung ist genau auf den Brennraum abgestimmt. Abweichungen davon führen zu einer schlechteren Ausnutzung der Verbrennungsluft und damit zu einem Anstieg von Ruß- und Kohlenwasserstoffemission.

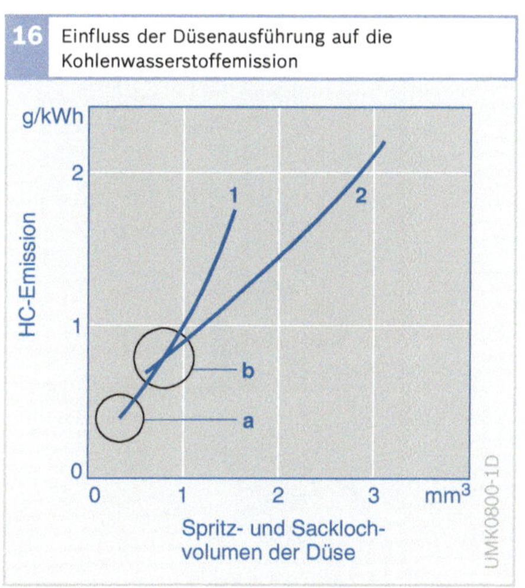

16 Einfluss der Düsenausführung auf die Kohlenwasserstoffemission

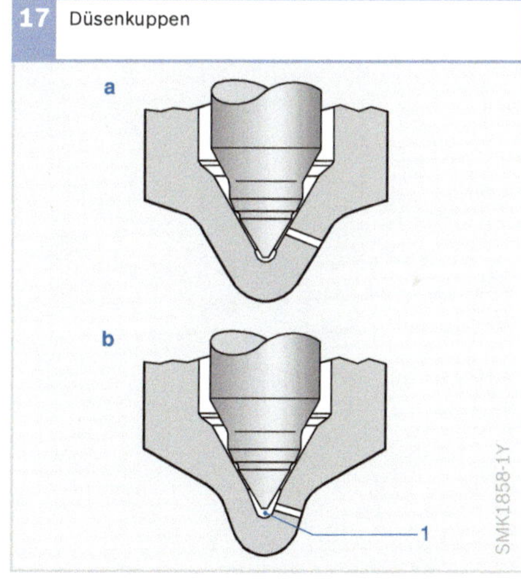

17 Düsenkuppen

Bild 16

a   Sitzlochdüse
b   Düse mit Mikrosackloch

1   Motor mit 1 l/Zylinder
2   Motor mit 2 l/Zylinder

Bild 17

a   Sitzlochdüse
b   Düse mit Mikrosackloch
1   Restvolumen

Diesel-Einspritzsysteme im Überblick

Das Einspritzsystem spritzt den Kraftstoff unter hohem Druck, zum richtigen Zeitpunkt und in der richtigen Menge in den Brennraum ein. Wesentliche Komponenten des Einspritzsystems sind die Einspritzpumpe, die den Hochdruck erzeugt, sowie die Einspritzdüsen, die - außer beim Unit Injector System - über Hochdruckleitungen mit der Einspritzpumpe verbunden sind. Die Einspritzdüsen ragen in den Brennraum der einzelnen Zylinder.

Bei den meisten Systemen öffnet die Düse, wenn der Kraftstoffdruck einen bestimmten Öffnungsdruck erreicht und schließt, wenn er unter dieses Niveau abfällt. Nur beim Common Rail System wird die Düse durch eine elektronische Regelung fremdgesteuert.

Bauarten

Die Einspritzsysteme unterscheiden sich i. W. in der Hochdruckerzeugung und in der Steuerung von Einspritzbeginn und -dauer. Während ältere Systeme z. T. noch rein mechanisch gesteuert werden, hat sich heute die elektronische Regelung durchgesetzt.

Reiheneinspritzpumpen

Standard-Reiheneinspritzpumpen

Reiheneinspritzpumpen (Bild 1) haben je Motorzylinder ein Pumpenelement, das aus Pumpenzylinder (1) und Pumpenkolben (4) besteht. Der Pumpenkolben wird durch die in der Einspritzpumpe integrierte und vom Motor angetriebene Nockenwelle (7) in Förderrichtung (hier nach oben) bewegt und durch die Kolbenfeder (5) zurückgedrückt. Die einzelnen Pumpenelemente sind in Reihe angeordnet (daher der Name Reiheneinspritzpumpe).

Der Hub des Kolbens ist unveränderlich. Verschließt die Oberkante des Kolbens bei der Aufwärtsbewegung die Ansaugöffnung (2), beginnt der Hochdruckaufbau. Dieser Zeitpunkt wird Förderbeginn genannt. Der Kolben bewegt sich weiter aufwärts. Dadurch steigt der Kraftstoffdruck, die Düse öffnet und Kraftstoff wird eingespritzt.

Gibt die im Kolben schräg eingearbeitete Steuerkante (3) die Ansaugöffnung frei, kann Kraftstoff abfließen und der Druck bricht zusammen. Die Düsennadel schließt und die Einspritzung ist beendet.

Der Kolbenweg zwischen Verschließen und Öffnen der Ansaugöffnung ist der Nutzhub.

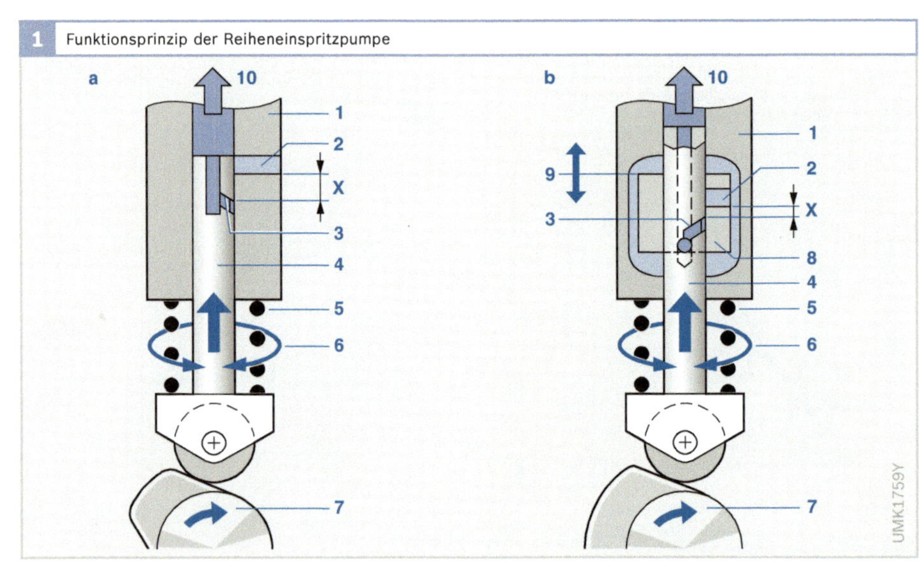

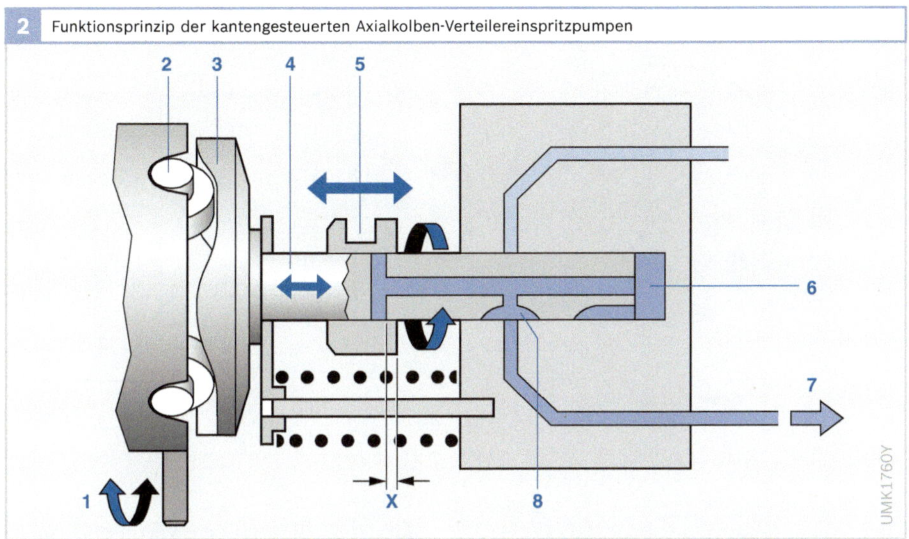

Bild 2
1 Spritzverstellerweg am Rollenring
2 Rolle
3 Hubscheibe
4 Axialkolben
5 Regelschieber
6 Hochdruckraum
7 Kraftstofffluss zur Einspritzdüse
8 Steuerschlitz
X Nutzhub

Je größer der Nutzhub ist, desto größer ist auch die Förder- bzw. Einspritzmenge.

Zur drehzahl- und lastabhängigen Steuerung der Einspritzmenge wird über eine Regelstange der Pumpenkolben verdreht. Dadurch verändert sich die Lage der Steuerkante relativ zur Ansaugöffnung und damit der Nutzhub. Die Regelstange wird durch einen mechanischen Fliehkraftregler oder ein elektrisches Stellwerk gesteuert.

Einspritzpumpen, die nach diesem Prinzip arbeiten, heißen „kantengesteuert".

Hubschieber-Reiheneinspritzpumpen

Die Hubschieber-Reiheneinspritzpumpe hat einen auf dem Pumpenkolben gleitenden Hubschieber (Bild 1, Pos. 8), mit dem der Vorhub – d. h. der Kolbenweg bis zum Verschließen der Ansaugöffnung – über eine Stellwelle verändert werden kann. Dadurch wird der Förderbeginn verschoben.

Hubschieber-Reiheneinspritzpumpen werden immer elektronisch geregelt. Einspritzmenge und Spritzbeginn werden nach berechneten Sollwerten eingestellt.

Bei der Standard-Reiheneinspritzpumpe hingegen ist der Spritzbeginn abhängig von der Motordrehzahl.

Verteilereinspritzpumpen

Verteilereinspritzpumpen haben nur ein Hochdruckpumpenelement für alle Zylinder (Bilder 2 und 3). Eine Flügelzellenpumpe fördert den Kraftstoff in den Hochdruckraum (6). Die Hochdruckerzeugung erfolgt durch einen Axialkolben (Bild 2, Pos. 4) oder mehrere Radialkolben (Bild 3, Pos. 4). Ein rotierender zentraler Verteilerkolben öffnet und schließt Steuerschlitze (8) und Steuerbohrungen und verteilt so den Kraftstoff auf die einzelnen Motorzylinder. Die Einspritzdauer wird über einen Regelschieber (Bild 2, Pos. 5) oder über ein Hochdruckmagnetventil (Bild 3, Pos. 5) geregelt.

Axialkolben-Verteilereinspritzpumpen

Eine rotierende Hubscheibe (Bild 2, Pos. 3) wird vom Motor angetrieben. Die Anzahl der Nockenerhebungen auf der Hubscheibenunterseite entspricht der Anzahl der Motorzylinder. Sie wälzen sich auf den Rollen (2) des Rollenrings ab und bewirken dadurch beim Verteilerkolben zusätzlich zur Drehbewegung eine Hubbewegung. Während einer Umdrehung der Antriebswelle macht der Kolben so viele Hübe, wie Motorzylinder zu versorgen sind.

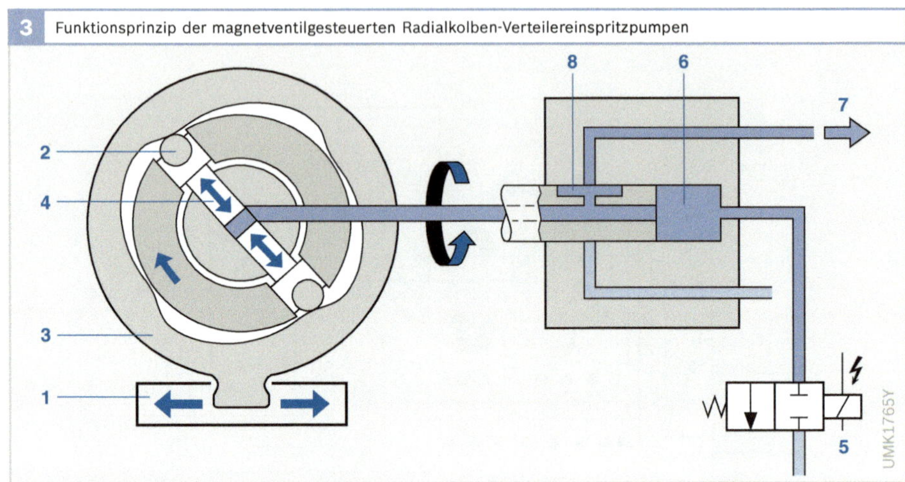

Bild 3

1 Spritzverstellerweg am Nockenring
2 Rolle
3 Nockenring
4 Radialkolben
5 Hochdruck-magnetventil
6 Hochdruckraum
7 Kraftstofffluss zur Einspritzdüse
8 Steuerschlitz

Bei der kantengesteuerten Axialkolben-Verteilereinspritzpumpe mit mechanischem Fliehkraft-Drehzahlregler oder elektronisch geregeltem Stellwerk bestimmt ein Regelschieber (5) den Nutzhub und dosiert dadurch die Einspritzmenge.

Ein Spritzversteller verstellt den Förderbeginn der Pumpe durch Verdrehen des Rollenrings.

Radialkolben-Verteilereinspritzpumpen

Die Hochdruckerzeugung erfolgt durch eine Radialkolbenpumpe mit Nockenring (Bild 3, Pos. 3) und zwei bis vier Radialkolben (4). Mit Radialkolbenpumpen können höhere Einspritzdrücke erzielt werden als mit Axialkolbenpumpen. Sie müssen jedoch eine höhere mechanische Festigkeit aufweisen.

Der Nockenring kann durch den Spritzversteller (1) verdreht werden, wodurch der Förderbeginn verschoben wird. Einspritzbeginn und Einspritzdauer sind bei der Radialkolben-Verteilereinspritzpumpe ausschließlich magnetventilgesteuert.

Magnetventilgesteuerte Verteilereinspritzpumpen

Bei magnetventilgesteuerten Verteilereinspritzpumpen dosiert ein elektronisch gesteuertes Hochdruckmagnetventil (5) die Einspritzmenge und verändert den Einspritzbeginn. Ist das Magnetventil geschlossen, kann sich im Hochdruckraum (6) Druck aufbauen. Ist es geöffnet, entweicht der Kraftstoff, sodass kein Druck aufgebaut und dadurch nicht eingespritzt werden kann. Ein oder zwei elektronische Steuergeräte (Pumpen- und ggf. Motorsteuergerät) erzeugen die Steuer- und Regelsignale.

Einzeleinspritzpumpen PF

Die vor allem für Schiffsmotoren, Diesellokomotiven, Baumaschinen und Kleinmotoren eingesetzten Einzeleinspritzpumpen PF (Pumpe mit Fremdantrieb) werden direkt von der Motornockenwelle angetrieben. Die Motornockenwelle hat – neben den Nocken für die Ventilsteuerung des Motors – Antriebsnocken für die einzelnen Einspritzpumpen.

Die Arbeitsweise der Einzeleinspritzpumpe PF entspricht ansonsten im Wesentlichen der Reiheneinspritzpumpe.

Unit Injector System UIS

Beim Unit Injector System, UIS (auch
Pumpe-Düse-Einheit, PDE, genannt),
bilden die Einspritzpumpe und die Einspritzdüse eine Einheit (Bild 4). Pro
Motorzylinder ist ein Unit Injector in den
Zylinderkopf eingebaut. Er wird von der
Motornockenwelle entweder direkt über
einen Stößel oder indirekt über Kipphebel
angetrieben.

Durch die integrierte Bauweise des Unit
Injectors entfällt die bei anderen Einspritzsystemen erforderlich Hochdruckleitung zwischen Einspritzpumpe und
Einspritzdüse. Dadurch kann das Unit
Injector System auf einen wesentlich höheren Einspritzdruck ausgelegt werden. Der
maximale Einspritzdruck liegt derzeit bei
2200 bar (für Nkw).

Das Unit Injector System wird elektronisch
gesteuert. Einspritzbeginn und -dauer
werden von einem Steuergerät berechnet
und über ein Hochdruckmagnetventil gesteuert.

Unit Pump System UPS

Das modulare Unit Pump System, UPS
(auch Pumpe-Leitung-Düse, PLD, genannt), arbeitet nach dem gleichen Verfahren wie das Unit Injector System (Bild 5).
Im Gegensatz zum Unit Injector System
sind die Düsenhalterkombination (2) und
die Einspritzpumpe über eine kurze, genau auf die Komponenten abgestimmte
Hochdruckleitung (3) verbunden. Diese
Trennung von Hochdruckerzeugung und
Düsenhalterkombination erlaubt einen
einfacheren Anbau am Motor. Je Motorzylinder ist eine Einspritzeinheit (Einspritzpumpe, Leitung und Düsenhalterkombination) eingebaut. Sie wird von der
Nockenwelle des Motors (6) angetrieben.

Auch beim Unit Pump System werden
Einspritzdauer und Einspritzbeginn mit
einem schnell schaltenden Hochdruck-
magnetventil (4) elektronisch geregelt.

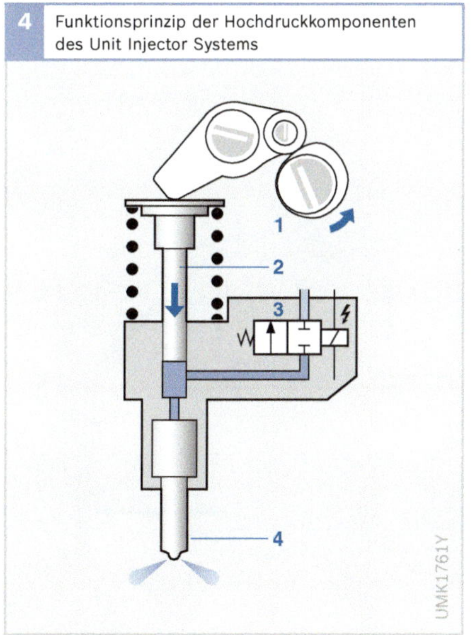

4 Funktionsprinzip der Hochdruckkomponenten des Unit Injector Systems

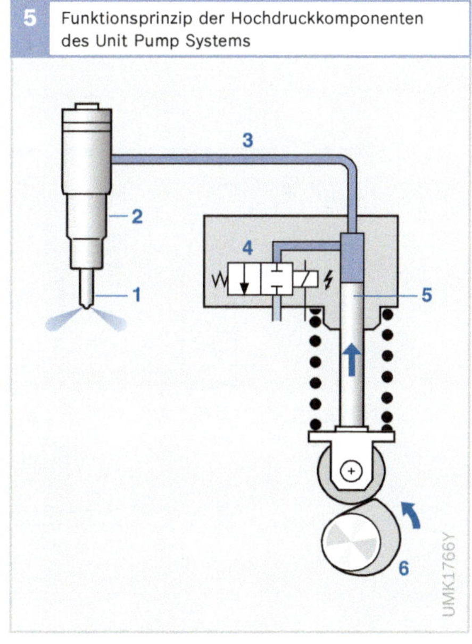

5 Funktionsprinzip der Hochdruckkomponenten des Unit Pump Systems

Bild 4

1 Antriebsnocken
2 Pumpenkolben
3 Hochdruck-
  magnetventil
4 Einspritzdüse

Bild 5

1 Einspritzdüse
2 Düsenhalter-
  kombination
3 Hochdruckleitung
4 Hochdruck-
  magnetventil
5 Pumpenkolben
6 Antriebsnocken

Common Rail System CR

Beim Hochdruckspeicher-Einspritzsystem Common Rail sind Druckerzeugung und Einspritzung entkoppelt.Dies geschieht mithilfe eines Speichervolumens, das sich aus der gemeinsamen Verteilerleiste (Common Rail) und den Injektoren zusammensetzt (Bild 6). Der Einspritzdruck wird weitgehend unabhängig von Motordrehzahl und Einspritzmenge von einer Hochdruckpumpe erzeugt. Das System bietet damit eine hohe Flexibilität bei der Gestaltung der Einspritzung.

Das Druckniveau liegt derzeit bei bis zu 2200 bar.

Funktionsweise

Eine Vorförderpumpe fördert Kraftstoff über ein Filter mit Wasserabscheider zur Hochdruckpumpe. Die Hochdruckpumpe sorgt für den permanent erforderlichen hohen Kraftstoffdruck im Rail.

Einspritzzeitpunkt und Einspritzmenge sowie Raildruck werden in der elektronischen Dieselregelung (EDC, Electronic Diesel Control) abhängig vom Betriebszustand des Motors und den Umgebungsbedingungen berechnet.

Die Dosierung des Kraftstoffs erfolgt über die Regelung von Einspritzdauer und Einspritzdruck. Über das Druckregelventil, das überschüssigen Kraftstoff zum Kraftstoffbehälter zurückleitet, wird der Druck geregelt. In einer neueren CR-Generation wird die Dosierung mit einer Zumesseinheit im Niederdruckteil vorgenommen, welche die Förderleistung der Pumpe regelt.

Der Injektor ist über kurze Zuleitungen ans Rail angeschlossen. Bei früheren CR-Generationen kommen Magnetventil-Injektoren zum Einsatz, während beim neuesten System Piezo-Inline-Injektoren verwendet werden. Bei ihnen sind die bewegten Massen und die innere Reibung reduziert, wodurch sich sehr kurze Abstände zwischen den Einspritzungen realisieren lassen. Dies wirkt sich positiv auf die Emissionen aus.

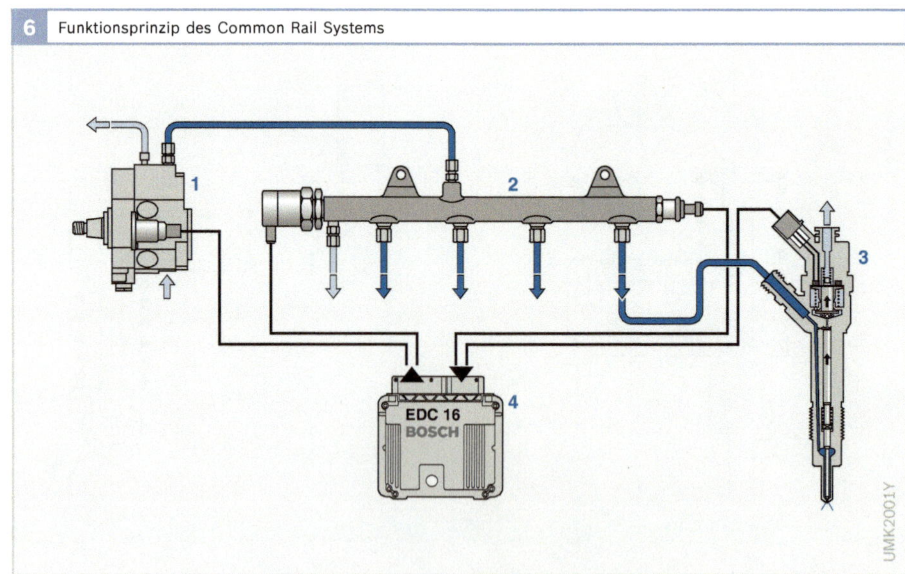

Bild 6

1   Hochdruckpumpe
2   Rail
3   Injektor
4   EDC-Steuergerät

Einsatzgebiete

Dieselmotoren zeichnen sich durch ihre hohe Wirtschaftlichkeit aus. Seit dem Produktionsbeginn der ersten Serien-Einspritzpumpe von Bosch im Jahre 1927 werden die Einspritzsysteme ständig weiterentwickelt.

Dieselmotoren werden in vielfältigen Ausführungen eingesetzt (Bild 1), z. B. als

▶ Antrieb für mobile Stromerzeuger (bis ca. 10 kW/Zylinder),
▶ schnell laufende Motoren für Pkw und leichte Nkw (bis ca. 50 kW/Zylinder),
▶ Motoren für Bau-, Land- und Forstwirtschaft (bis ca. 50 kW/Zylinder),
▶ Motoren für schwere Nkw, Busse und Schlepper (bis ca. 80 kW/Zylinder),
▶ Stationärmotoren, z. B. für Notstromaggregate (bis ca. 160 kW/Zylinder),
▶ Motoren für Lokomotiven und Schiffe (bis zu 1000 kW/Zylinder).

Anforderungen

Schärfer werdende Vorschriften für Abgas- und Geräuschemissionen und der Wunsch nach niedrigerem Kraftstoffverbrauch stellen immer neue Anforderungen an die Einspritzanlage eines Dieselmotors.

Grundsätzlich muss die Einspritzanlage den Kraftstoff für eine gute Gemischaufbereitung je nach Diesel-Verbrennungsverfahren (Direkt- oder Indirekteinspritzung) und Betriebs-zustand mit hohem Druck (heute zwischen 350 und 2050 bar) in den Brennraum des Dieselmotors einspritzen und dabei die Einspritzmenge mit der größtmöglichen Genauigkeit dosieren. Die Last- und Drehzahlregelung des Dieselmotors wird über die Kraftstoffmenge ohne Drosselung der Ansaugluft vorgenommen.

Die mechanische Regelung für Diesel-Einspritzsysteme wird zunehmend durch die Elektronische Dieselregelung (EDC) verdrängt. Im Pkw und Nkw werden die neuen Dieseleinspritzsysteme ausschließlich durch EDC geregelt.

▶ Anwendungsgebiete der Bosch-Diesel-Einspritzsysteme

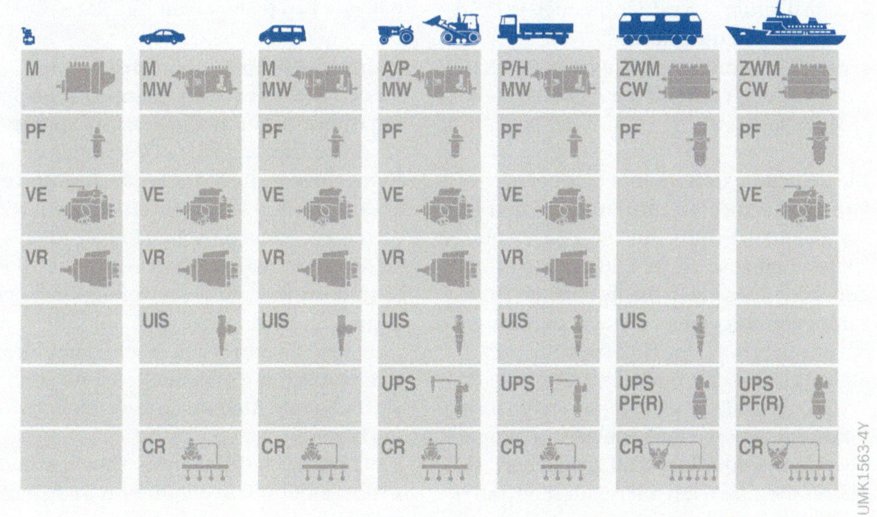

Bild 1
M, MW, A, P, H, ZWM, CW Reiheneinspritzpumpen mit ansteigender Baugröße
PF Einzeleinspritzpumpen
VE Axialkolben-Verteilereinspritzpumpen
VR Radialkolben-Verteilereinspritzpumpen
UIS Unit Injector System
UPS Unit Pump System
CR Common Rail System

Systemübersicht der Reiheneinspritzpumpen

Kein anderes Einspritzsystem wird so vielseitig verwendet wie die Reiheneinspritzpumpen – der „Klassiker der Dieseleinspritztechnik". Dieses System wurde ständig weiterentwickelt und an das entsprechende Einsatzgebiet angepasst. Deshalb werden auch heute noch zahlreiche Varianten eingesetzt. Die besondere Stärke dieser Pumpen ist ihre Robustheit und Wartungsfreundlichkeit.

Anwendungsgebiete

Die Einspritzanlage versorgt den Dieselmotor mit Kraftstoff. Dazu erzeugt die Einspritzpumpe den zum Einspritzen benötigten Druck und stellt die gewünschte Kraftstoffmenge zur Verfügung. Der Kraftstoff wird über die Hochdruckleitung zur Einspritzdüse gefördert und in den Brennraum des Motors eingespritzt. Die Verbrennungsvorgänge im Dieselmotor hängen in entscheidendem Maße davon ab, in welcher Menge und auf welche Weise der Kraftstoff dem Brennraum zugeführt wird. Die wichtigsten Kriterien sind hierbei:
- der Zeitpunkt und die Zeitdauer der Kraftstoffeinspritzung,
- die Kraftstoffverteilung im Brennraum,
- der Zeitpunkt des Verbrennungsbeginns,
- die zugeführte Kraftstoffmenge je Grad Kurbelwellenwinkel und
- die Gesamtmenge des zugeführten Kraftstoffs entsprechend der gewünschten Motorleistung.

Die Reiheneinspritzpumpe wird in mittleren und schweren Nkw-Motoren und entsprechenden Schiffs- und Stationärmotoren weltweit eingesetzt. Ihre Steuerung erfolgt entweder über einen mechanischen Drehzahlregler und einen fallweise angebauten Spritzversteller oder ein elektronisches Stellwerk (Tabelle 1, nächste Doppelseite).

Im Gegensatz zu allen anderen Einspritzsystemen wird die Reiheneinspritzpumpe über den Motorölkreislauf geschmiert. Deshalb kommt sie auch mit minderen Kraftstoffqualitäten zurecht.

Ausführungen

Standard-Reiheneinspritzpumpe

Das derzeitig produzierte Spektrum der Standard-Reiheneinspritzpumpen umfasst zahlreiche Pumpentypen (siehe Tabelle 1). Sie werden für Dieselmotoren mit 2…12 Zylindern eingesetzt und decken damit einen Motorleistungsbereich von 10 bis 200 kW pro Zylinder ab. Diese Reiheneinspritzpumpen finden sowohl für direkteinspritzende Motoren (DI) als auch für Kammermotoren (IDI) Verwendung.

Je nach Einspritzdruck, Einspritzmenge und Einspritzdauer stehen folgende Ausführungen zur Verfügung:
- M für 4…6 Zylinder bis 550 bar,
- A für 2…12 Zylinder bis 750 bar,
- P3000 für 4…12 Zylinder bis 950 bar,
- P7100 für 4…12 Zylinder bis 1200 bar,
- P8000 für 6…12 Zylinder bis 1300 bar,
- P8500 für 4…12 Zylinder bis 1300 bar,
- R für 4…12 Zylinder bis 1150 bar,
- P10 für 6…12 Zylinder bis 1200 bar,
- ZW(M) für 4…12 Zylinder bis 950 bar,
- P9 für 6…12 Zylinder bis 1200 bar und
- CW für 6…10 Zylinder bis 1000 bar.

Im Nutzfahrzeugbereich wird hauptsächlich der Typ P eingebaut.

Hubschieber-Reiheneinspritzpumpe

Zu den Reiheneinspritzpumpen zählt auch die Hubschieber-Reiheneinspritzpumpe (Typbezeichnung H), bei der außer der Fördermenge auch der Förderbeginn verändert werden kann. Die „H-Pumpe" wird mit einem elektronischen Regler RE gesteuert, der zwei Stellwerke besitzt. Dieses System ermöglicht die Regelung von Spritzbeginn und Einspritzmenge mithilfe von zwei Regelstangen und macht damit den automatischen Spritzversteller überflüssig. Folgende Ausführungen stehen zur Verfügung:
- H1 für 6…8 Zylinder bis 1300 bar und
- H1000 für 5…8 Zylinder bis 1350 bar.

Aufbau

Zur kompletten Diesel-Einspritzanlage (Bilder 1 und 2) gehören neben der Reiheneinspritzpumpe:

▶ eine Kraftstoffvorförderpumpe zum Ansaugen und Fördern des Kraftstoffs vom Kraftstoffbehälter über das Kraftstofffilter und die Kraftstoffleitung zur Einspritzpumpe,

▶ eine mechanische oder elektronische Regelung für die Motordrehzahl und die einzuspritzende Kraftstoffmenge,

▶ ein Spritzversteller (bei Bedarf) zur drehzahlabhängigen Verstellung des Förderbeginns,

▶ eine der Zylinderzahl entsprechenden Anzahl von Hochdruck-Kraftstoffleitungen und

▶ Düsenhalterkombinationen.

Für die einwandfreie Funktion des Dieselmotors müssen alle Komponenten der Anlage aufeinander abgestimmt sein.

Regelung

Für die Einhaltung der Betriebsbedingungen sorgen Einspritzpumpe und Regler, der auf die Regelstange der Einspritzpumpe einwirkt. Das Drehmoment des Motors ist näherungsweise proportional der Menge des pro Kolbenhub eingespritzten Kraftstoffs.

Mechanische Regler

Der mechanische Regler für Reiheneinspritzpumpen wird auch Fliehkraftregler genannt. Er ist über ein Gestänge und den Verstellhebel mit dem Fahrpedal verbunden. Ausgangsseitig betätigt er die Regelstange der Pumpe. Vom Regler werden je nach Einsatzbereich verschiedene Regelkennfelder gefordert:

▶ Der Enddrehzahlregler RQ begrenzt die Höchstdrehzahl.

▶ Die Leerlauf-Enddrehzahlregler RQ und RQU regeln außer der Enddrehzahl auch die Leerlaufdrehzahl.

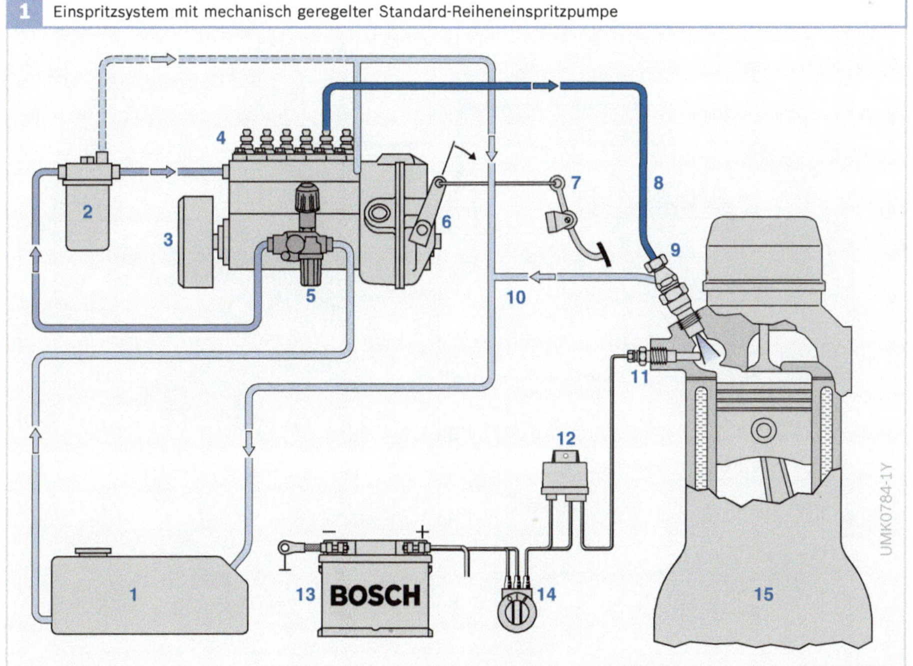

Bild 1

1 Kraftstoffbehälter
2 Kraftstofffilter mit Überströmventil (Option)
3 Spritzversteller
4 Reiheneinspritzpumpe
5 Kraftstoffvorförderpumpe (an die Einspritzpumpe angebaut)
6 Drehzahlregler
7 Fahrpedal
8 Hochdruck-Kraftstoffleitung
9 Düsenhalterkombination
10 Kraftstoffrückleitung
11 Glühstiftkerze GLP
12 Glühzeitsteuergerät GZS
13 Batterie
14 Glüh-Start-Schalter („Zündschloss")
15 Dieselmotor mit indirekter Einspritzung (Indirect Injection Engine, IDI)

▶ Die Alldrehzahlregler RQV, RQUV, RQV..K, RSV und RSUV regeln zusätzlich auch die dazwischen liegenden Drehzahlbereiche.

Spritzversteller

Zur Steuerung des Spritzbeginns und zur Kompensation der Druckwellenlaufzeit in der Einspritzleitung dient bei der Standard-Reiheneinspritzpumpe ein Spritzversteller, der den Förderbeginn der Einspritzpumpe mit steigender Drehzahl in Richtung „Früh" verstellt. In Sonderfällen ist eine lastabhängige Steuerung vorgesehen. Die Laststeuerung und Drehzahlsteuerung des Dieselmotors wird von der Einspritzmenge ohne Drosselung der Ansaugluft bestimmt.

Elektronische Regler

Bei Verwendung eines elektronischen Reglers befindet sich am Fahrpedal ein Sensor, der mit dem elektronischen Steuergerät verbunden ist. Es setzt die Fahrpedalstellung unter Berücksichtigung der jeweiligen Drehzahl in einen entsprechenden Soll-Regelstangenweg um.

Der elektronische Regler erfüllt wesentlich umfangreichere Anforderungen als der mechanische Regler. Er ermöglicht durch elektrisches Messen, flexible elektronische Datenverarbeitung und durch Regelkreise mit elektrischen Stellern eine erweiterte Verarbeitung von Einflussgrößen, die bisher vom mechanischen Regler nicht berücksichtigt werden konnten.

Die elektronische Dieselregelung gestattet auch einen Datenaustausch mit anderen elektronischen Fahrzeugregelungen (z. B. Antriebsschlupfregelung ASR, elektronische Getriebesteuerung) und damit eine Integration in das Fahrzeug-Gesamtsystem.

Die elektronische Dieselregelung verbessert durch die genaue Dosierung das Emissionsverhalten des Dieselmotors.

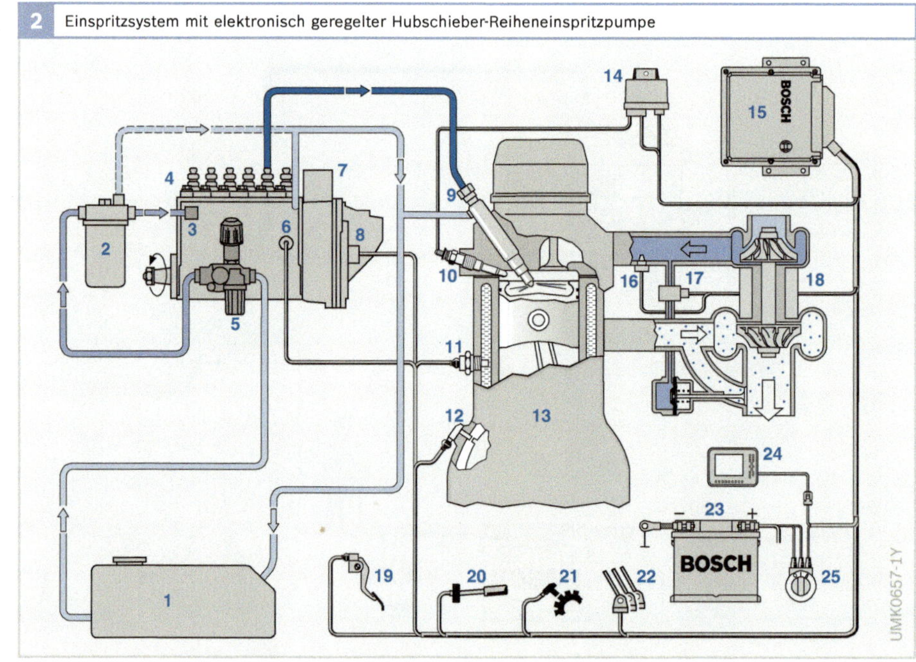

1 Einsatzgebiete der wichtigsten Reiheneinspritzpumpen und ihrer Regler

Einsatzgebiet	Pkw	Stationär-motoren	Nkw	Bau- und Land-maschinen	Lokomotiven	Schiffe
Pumpentyp						
Standard-Reiheneinspritzpumpe M	●	–	–	●	–	–
Standard-Reiheneinspritzpumpe A	–	●	–	●	–	–
Standard-Reiheneinspritzpumpe MW[1]	–	–	●	●	–	–
Standard-Reiheneinspritzpumpe P	–	●	●	●	●	●
Standard-Reiheneinspritzpumpe R[2]	–	–	●	●	●	●
Standard-Reiheneinspritzpumpe P10	–	●	–	●	●	●
Standard-Reiheneinspritzpumpe ZW(M)	–	–	–	–	●	●
Standard-Reiheneinspritzpumpe P9	–	●	–	●	●	●
Standard-Reiheneinspritzpumpe CW	–	–	–	–	●	●
Hubschieber-Reiheneinspritzpumpe H	–	–	●	–	–	–
Reglerbauart						
Leerlauf-Enddrehzahlregler RSF	●	–	–	●	–	–
Leerlauf-Enddrehzahlregler RQ	–	–	●	●	–	–
Leerlauf-Enddrehzahlregler RQU	–	–	–	–	–	●
Alldrehzahlregler RQV	–	●	●	●	–	–
Alldrehzahlregler RQUV	–	–	–	–	●	●
Alldrehzahlregler RQV..K	–	–	●	–	–	–
Alldrehzahlregler RSV	–	●	–	●	–	–
Alldrehzahlregler RSUV	–	–	–	–	–	●
RE (Elektrisches Stellwerk)	●	–	●	–	–	–

Tabelle 1

[1] Dieser Pumpentyp wird nicht mehr für Neuentwicklungen eingesetzt.

[2] Gleicher Aufbau wie der Pumpentyp P, jedoch verstärkt.

3 Beispiele für Reiheneinspritzpumpen

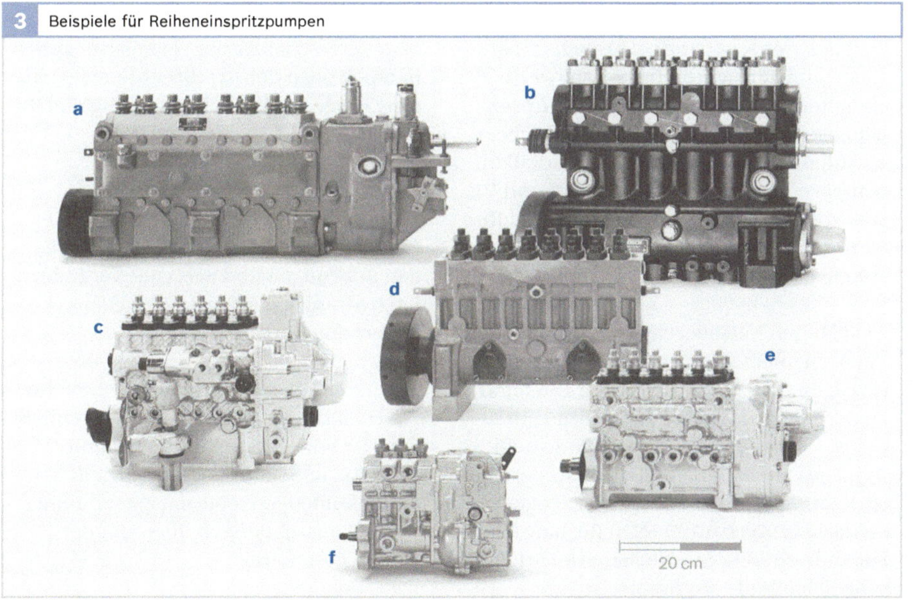

Bild 3

Pumpenausführungen:
a ZWM (8 Zylinder)
b CW (6 Zylinder)
c H (Hubschieber-Reiheneinspritz-pumpe) (6 Zylinder)
d P9/P10 (8 Zylinder)
e P7100 (6 Zylinder)
f A (3 Zylinder)

Systemübersicht der Verteilereinspritzpumpen

Die Verbrennungsvorgänge im Dieselmotor hängen in entscheidendem Maße davon ab, wie der Kraftstoff von der Einspritzanlage aufbereitet wird. Die Einspritzpumpe spielt hierbei eine wesentliche Rolle. Sie erzeugt den zum Einspritzen benötigten Druck. Der Kraftstoff wird über Hochdruckleitungen zu den Einspritzdüsen gefördert und in den Brennraum eingespritzt. Kleine, schnell laufende Dieselmotoren erfordern eine Einspritzanlage mit hoher Leistungsfähigkeit, schnellen Einspritzfolgen, geringem Gewicht und kleinem Einbauvolumen. Die Verteilereinspritzpumpen erfüllen diese Forderungen. Sie bestehen aus einem kleinen, kompakten Aggregat, das Förderpumpe, Hochdruckpumpe und Regelung umfasst.

Anwendungsgebiete

Seit der Einführung im Jahr 1962 wurde die Axialkolben-Verteilereinspritzpumpe zur meistverwendeten Einspritzpumpe in Pkw. Einspritzpumpe und Regler wurden ständig weiterentwickelt. Die Erhöhung des Einspritzdrucks war notwendig, um bei Motoren mit Direkteinspritzung eine Senkung des Kraftstoffverbrauchs zu erzielen und geringere Abgasgrenzwerte einhalten zu können. Insgesamt wurden bei Bosch zwischen 1962 und 2001 über 45 Millionen Axialkolben- und Radialkolben-Verteilereinspritzpumpen VE und VR gefertigt. Entsprechend vielfältig sind Ihre Bauformen und der Aufbau des Gesamtsystems.

Axialkolben-Verteilereinspritzpumpen für Motoren mit indirekter Einspritzung (IDI) erzeugen Drücke bis zu 350 bar (35 MPa) an der Einspritzdüse. Für Motoren mit direkter Einspritzung (DI) werden sowohl Axial- als auch Radialkolben-Verteilereinspritzpumpen eingesetzt. Sie erzeugen Drücke bis 900 bar (90 MPa) für langsam laufende und bis zu 1900 bar (190 MPa) für schnell laufende Motoren.

Der mechanischen Regelung der Verteilereinspritzpumpen folgte die elektronische Regelung mit elektrischem Stellwerk. Später kamen dann Pumpen mit Hochdruck-magnetventil auf den Markt.

Verteilereinspritzpumpen zeichnen sich neben ihrer kompakten Bauform auch durch ihre vielseitigen Einsatzbereiche bei Pkw, leichten Nkw, Stationärmotoren, Bau- und Landmaschinen (Off Highway) aus.

Nenndrehzahl, Leistung und Bauform des Dieselmotors geben den Anwendungsbereich und die Auslegung der Verteilereinspritzpumpe vor. Sie finden Anwendung für Motoren mit 3...6 Zylindern.

Axialkolben-Verteilereinspritzpumpen werden für Motoren mit einer Leistung bis zu 30 kW pro Zylinder eingesetzt, Radialkolben-Verteilereinspritzpumpen bis zu 45 kW pro Zylinder.

Verteilereinspritzpumpen werden mit Kraftstoff geschmiert und sind daher wartungsfrei.

Ausführungen

Man unterscheidet die Verteilereinspritzpumpen nach der Art ihrer Mengensteuerung, ihrer Hochdruckerzeugung und ihrer Regelung (Bild 1).

Art der Mengensteuerung

Kantengesteuerte Einspritzpumpen
Die Einspritzdauer wird über Steuerkanten, Bohrungen und Schieber verändert. Ein hydraulischer Spritzversteller verändert den Einspritzbeginn.

Magnetventilgesteuerte Einspritzpumpen
Ein Hochdruck-Magnetventil verschließt den Hochdruckraum und bestimmt so Einspritzbeginn und Einspritzdauer. Radialkolben-Verteilereinspritzpumpen werden ausschließlich über Magnetventile gesteuert.

Art der Hochdruckerzeugung

Axialkolben-Verteilereinspritzpumpen VE

Sie komprimieren den Kraftstoff mit einem Kolben, der sich axial zur Antriebswelle der Pumpe bewegt.

Radialkolben-Verteilereinspritzpumpen VR

Sie komprimieren den Kraftstoff mit mehreren Kolben, die radial zur Antriebswelle der Pumpe angeordnet sind. Mit Radialkolben können höhere Drücke als mit Axialkolben erzeugt werden.

Art der Regelung

Mechanische Regelung

Die Einspritzpumpe wird durch einen Regler mit Aufschaltgruppen aus Hebeln, Federn, Unterdruckdosen usw. geregelt.

Elektronische Regelung

Der Fahrer gibt den Drehmoment- bzw. Drehzahlwunsch über das Fahrpedal (Sensor) vor. Im Steuergerät sind Kennfelder für Startmenge, Leerlauf, Volllast, Fahrpedalcharakteristik, Rauchbegrenzung und Pumpencharakteristik einprogrammiert.

Mit diesen gespeicherten Kennfeldwerten und den Istwerten der Sensoren wird ein Vorgabewert für die Stellglieder der Einspritzpumpe ermittelt. Dabei werden der aktuelle Motorbetriebszustand und die Umgebungsdaten berücksichtigt (z. B. Kurbelwellenwinkel und -drehzahl, Ladedruck, Ansaugluft-, Kühlmittel- und Kraftstofftemperatur, Fahrgeschwindigkeit usw.). Das Steuergerät steuert dann das Stellwerk bzw. die Magnetventile in der Einspritzpumpe entsprechend den Vorgabewerten an.

Mit der Elektronischen Dieselregelung EDC (Electronic Diesel Control) ergeben sich gegenüber der mechanischen Regelung viele Vorteile:
- Geringerer Kraftstoffverbrauch, weniger Emissionen, höhere Leistung und Drehmoment durch verbesserte Mengenregelung und genaueren Spritzbeginn.
- Niedere Leerlaufdrehzahl und Anpassung zusätzlicher Komponenten (z. B. Klimaanlage) durch verbesserte Drehzahlregelung.
- Verbesserte Komfortfunktionen (z. B. Aktive Ruckeldämpfung, Laufruheregelung, Fahrgeschwindigkeitsregelung).
- Verbesserte Diagnosemöglichkeiten.
- Zusätzliche Steuer- und Regelfunktionen (z. B. Glühzeitsteuerung, Abgasrückführung ARF, Ladedruckregelung, elektronische Wegfahrsperre).
- Datenaustausch mit anderen elektronischen Systemen (z. B. Antriebsschlupfregelung ASR, elektronische Getriebesteuerung EGS) und damit eine Integration in das Fahrzeug-Gesamtsystem.

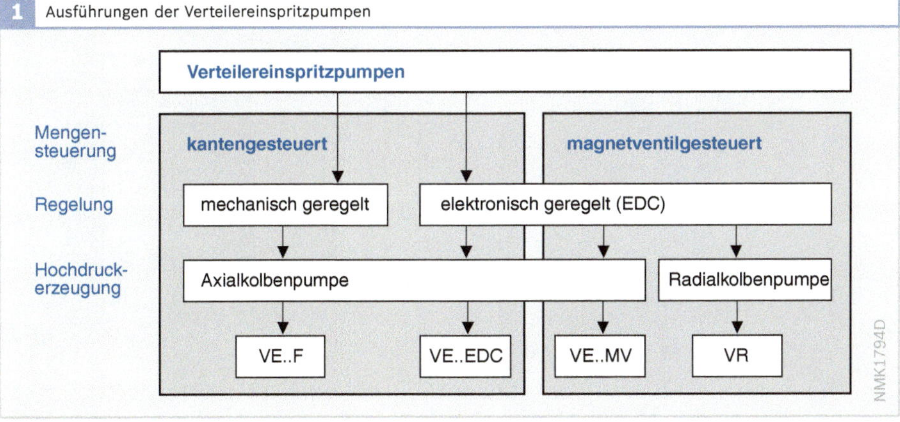

Bild 1
1 Kraftstoffzuleitung
2 Gestänge
3 Fahrpedal
4 Verteilereinspritzpumpe
5 Elektrisches Abstellventil ELAB
6 Hochdruck-Kraftstoffleitung
7 Kraftstoffrückleitung
8 Düsenhalterkombination
9 Glühstiftkerze GSK
10 Kraftstofffilter
11 Kraftstoffbehälter
12 Kraftstoff-Vorförderpumpe (nur bei langen Leitungen oder großem Höhenunterschied zwischen Kraftstoffbehälter und Einspritzpumpe)
13 Batterie
14 Glüh-Start-Schalter („Zündschloss")
15 Glühzeitsteuergerät GZS
16 Dieselmotor mit indirekter Einspritzung (Indirect-Injection Engine, IDI)

Kantengesteuerte Systeme

Mechanisch geregelte Verteilereinspritzpumpen

Die mechanische Regelung wird ausschließlich bei Axialkolben-Verteilereinspritzpumpen angewendet. Ihr Vorteil liegt in der kostengünstigen Herstellung und der relativ einfachen Wartung.

Die mechanische Drehzahlregelung erfasst die verschiedenen Betriebszustände und gewährleistet eine hohe Qualität der Gemischaufbereitung. Zusätzliche Aufschaltgruppen passen Einspritzzeitpunkt und -menge an die verschiedenen Betriebszustände des Motors an:

▶ Motordrehzahl,
▶ Motorlast,
▶ Motortemperatur,
▶ Ladedruck und
▶ Atmosphärendruck.

Zur Diesel-Einspritzanlage (Bild 1) gehören neben der Einspritzpumpe (4) der Kraftstoffbehälter (11), das Kraftstofffilter (10), die Kraftstoff-Vorförderpumpe (12), die Düsenhalterkombination (8) und die Kraftstoffleitungen (1, 6 und 7).Wichtige Komponenten des Einspritzsystems sind die Einspritzdüsen in der Düsenhalterkombination. Ihre Bauart beeinflusst den Einspritzverlauf und das Strahlbild wesentlich. Das Elektrische Abstellventil ELAB (5) unterbricht bei ausgeschalteter „Zündung" die Kraftstoffzufuhr zum Pumpenhochdruckraum[1]).

Über das Fahrpedal (3) und einen Bowdenzug bzw. ein Gestänge (2) wird die Fahrervorgabe an den Regler der Einspritzpumpe übertragen. Außerdem können auch die Leerlauf-, Zwischen-, und Enddrehzahlen mit entsprechenden Aufschaltgruppen geregelt werden.

Die Bezeichnung VE..F steht für Verteilereinspritzpumpe, fliehkraftgeregelt.

[1]) Bei Bootsmotoren ist es genau umgekehrt. Hier ist das ELAB stromlos geöffnet.

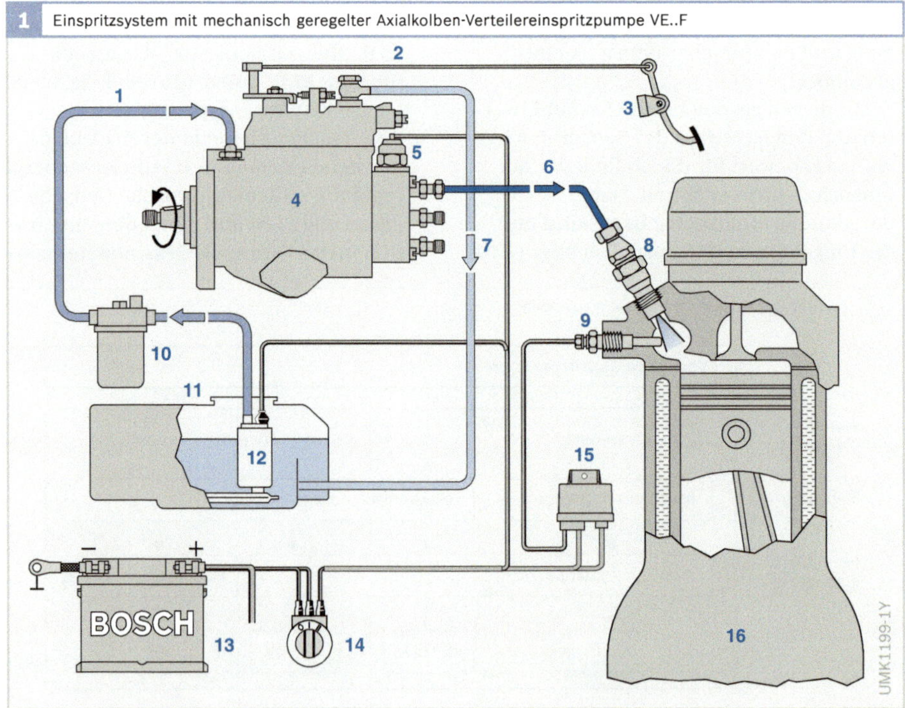

1 Einspritzsystem mit mechanisch geregelter Axialkolben-Verteilereinspritzpumpe VE..F

Elektronisch geregelte Verteilereinspritzpumpen

Die Elektronische Dieselregelung (EDC) berücksichtigt gegenüber der mechanischen Regelung zusätzliche Anforderungen. Sie ermöglicht durch elektrisches Messen, flexible elektronische Datenverarbeitung und Regelkreise mit elektrischen Stellern eine erweiterte Verarbeitung von Einflussgrößen, die mit der mechanischen Regelung nicht berücksichtigt werden können.

Bild 2 zeigt die Komponenten einer voll ausgestatteten Einspritzanlage mit elektronisch geregelter Axialkolben-Verteilereinspritzpumpe. Je nach Einsatzart und Fahrzeugtyp entfallen einzelne Komponenten. Das System besteht aus vier Bereichen:
▶ Kraftstoffversorgung (Niederdruckteil),
▶ Einspritzpumpe,
▶ Elektronische Dieselregelung (EDC) mit den Systemblöcken Sensoren, Steuergerät und Stellglieder (Aktoren) sowie
▶ Peripherie (z. B. Turbolader, Abgasrückführung und Glühzeitsteuerung).

Das Magnetstellwerk in der Verteilereinspritzpumpe (Drehstellwerk) tritt an die Stelle des mechanischen Reglers und der Aufschaltgruppen. Es greift über eine Welle am Regelschieber für die Einspritzmenge ein. Die Absteuerquerschnitte werden wie bei der mechanisch geregelten Einspritzpumpe je nach Position des Regelschiebers früher oder später freigegeben. Im Steuergerät wird unter Berücksichtigung der gespeicherten Kennfeldwerte und der Istwerte der Sensoren ein Vorgabewert für die Position des Magnetstellwerks in der Einspritzpumpe ermittelt.

Ein Winkelsensor (z. B. ein Halbdifferenzial-Kurzschlussringsensor) meldet den Drehwinkel des Stellwerks und damit die Lage des Regelschiebers an das Steuergerät zurück.

Der von der Drehzahl abhängige Pumpeninnenraumdruck wirkt über ein getaktetes Magnetventil auf den Spritzversteller, worauf dieser den Spritzbeginn verändert.

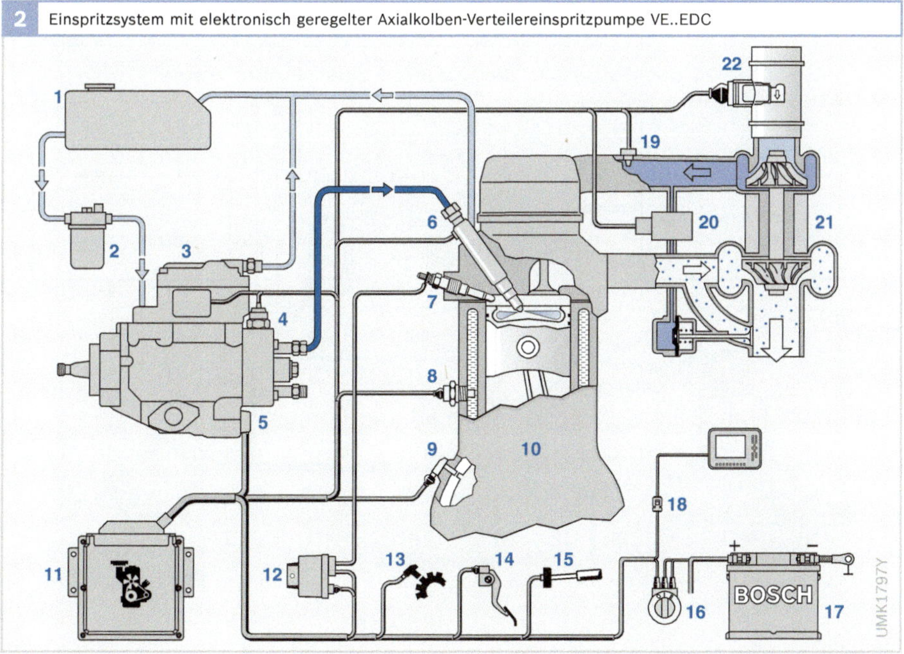

2 Einspritzsystem mit elektronisch geregelter Axialkolben-Verteilereinspritzpumpe VE..EDC

Bild 2
1 Kraftstoffbehälter
2 Kraftstofffilter
3 Verteilereinspritzpumpe mit Magnetstellwerk, Regelwegsensor und Kraftstofftemperatursensor
4 Elektrisches Abstellventil ELAB
5 Spritzversteller-Magnetventil
6 Düsenhalterkombination mit Nadelbewegungssensor (meistens Zylinder 1)
7 Glühstiftkerze
8 Motortemperatursensor (im Kühlmittelkreislauf)
9 Kurbelwellendrehzahlsensor
10 Dieselmotor mit direkter Einspritzung (Direct Injection Engine, DI)
11 Motorsteuergerät MSG
12 Glühzeitsteuergerät
13 Fahrgeschwindigkeitssensor
14 Fahrpedalsensor
15 Bedienteil für Fahrgeschwindigkeitsregler
16 Glüh-Start-Schalter („Zündschloss")
17 Batterie
18 Diagnoseschnittstelle
19 Lufttemperatursensor
20 Ladedrucksensor
21 Abgasturbolader
22 Luftmassenmesser

Magnetventilgesteuerte Systeme

Magnetventilgesteuerte Einspritzsysteme erlauben eine größere Flexibilität bei der Kraftstoffzumessung und der Variation des Einspritzbeginns als die kantengesteuerten Systeme. Sie ermöglichen auch die Voreinspritzung zur Geräuschreduzierung sowie die zylinderindividuelle Mengenkorrektur.

Die Motorsteuerung mit magnetventilgesteuerten Verteilereinspritzpumpen besteht aus vier Bereichen (Bild 1):
▸ Kraftstoffversorgung (Niederdruckteil),
▸ Hochdruckteil mit allen Einspritzkomponenten,
▸ Elektronische Dieselregelung (EDC) mit den Systemblöcken Sensoren, Steuergerät(en) und Stellglieder (Aktoren) sowie
▸ den Luft- und Abgassystemen (Luftversorgung, Abgasnachbehandlung und Abgasrückführung).

Steuergerätekonfiguration

Getrennte Steuergeräte

Dieseleinspritzanlagen mit magnetventilgesteuerten Verteilereinspritzpumpen (VE..MV [VP30], VR [VP44] für DI-Motoren und VE..MV [VP29] für IDI-Motoren) der ersten Generation benötigten zwei Steuergeräte für die Elektronische Dieselregelung: ein Motorsteuergerät (MSG) und ein Pumpensteuergerät (PSG). Diese Aufteilung hatte zwei Gründe: Einerseits wird eine Überhitzung bestimmter elektronischer Bauelemente in direkter Pumpen- und Motornähe vermieden. Andererseits wird durch kurze Ansteuerleitungen für das Magnetventil der Einfluss von Störsignalen ausgeschlossen, die aufgrund der teilweise sehr hohen Ströme (bis zu 20 A) entstehen können.

Während das Pumpensteuergerät die pumpeninternen Sensorsignale für Drehwinkel und Kraftstofftemperatur erfasst und für die Anpassung des Einspritzzeit-

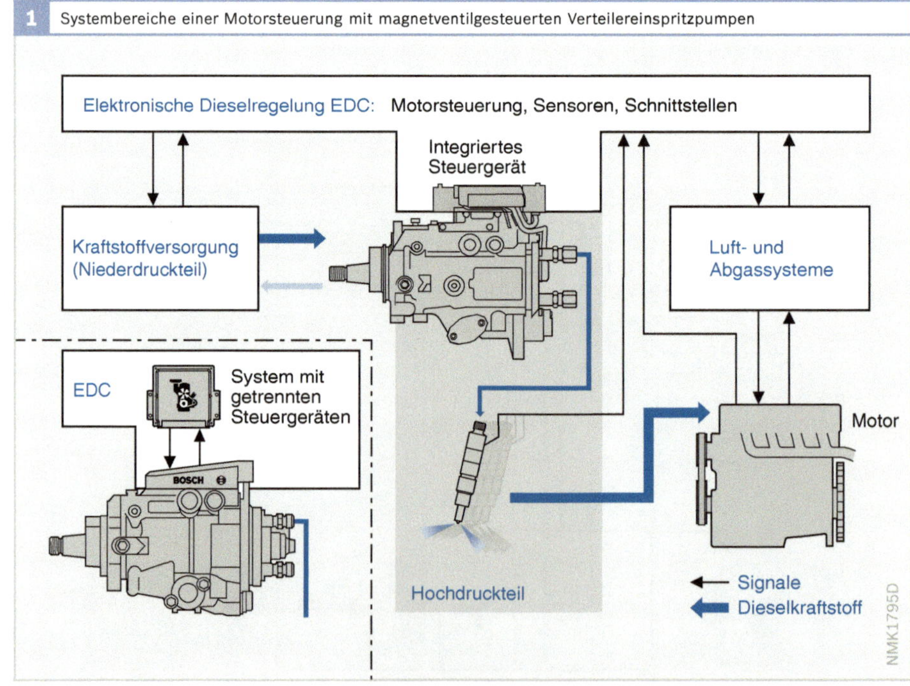

1 Systembereiche einer Motorsteuerung mit magnetventilgesteuerten Verteilereinspritzpumpen

punkts verwertet, verarbeitet das Motorsteuergerät alle von externen Sensoren aufgenommenen Motor- und Umgebungsdaten und errechnet daraus die an der Einspritzpumpe vorzunehmenden Stelleingriffe.

Motor- und Pumpensteuergerät kommunizieren über eine CAN-Schnittstelle.

Integriertes Steuergerät

Hitzebeständige Leiterplatten in Hybridtechnik haben es möglich gemacht, bei magnetventilgesteuerten Verteilereinspritzpumpen der zweiten Generation das Motorsteuergerät im Pumpensteuergerät zu integrieren. Diese Steuergeräteintegration erlaubt eine Platz sparende Bauweise.

Abgasnachbehandlung

Verschiedene Maßnahmen verbessern die Emissionen bzw. den Komfort. Dies sind zum Beispiel die Abgasrückführung, die Formung des Einspritzverlaufs (z. B. Voreinspritzung) und die Erhöhung des Einspritzdrucks. Um die immer strenger werdenden Abgasvorschriften einhalten zu können, wird jedoch bei manchen Fahrzeugen eine Abgasnachbehandlung erforderlich sein.

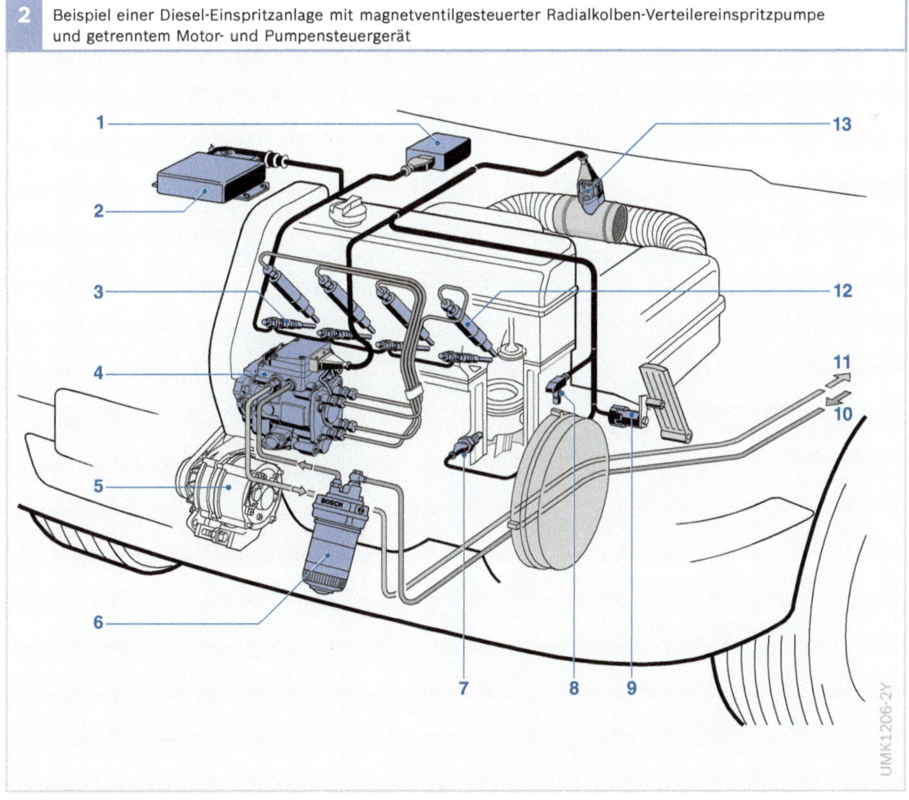

2 Beispiel einer Diesel-Einspritzanlage mit magnetventilgesteuerter Radialkolben-Verteilereinspritzpumpe und getrenntem Motor- und Pumpensteuergerät

Bild 2

1 Glühzeitsteuergerät
2 Motorsteuergerät MSG
3 Glühstiftkerze
4 Radialkolben-Verteilereinspritzpumpe VP44 mit Pumpensteuergerät PSG5
5 Generator
6 Kraftstofffilter
7 Motortemperatursensor (im Kühlmittelkreislauf)
8 Kurbelwellendrehzahlsensor
9 Fahrpedalsensor
10 Kraftstoffzulauf
11 Kraftstoffrücklauf
12 Düsenhalterkombination
13 Luftmassenmesser

Systembild

Bild 3 zeigt als Beispiel eine Diesel-Einspritzanlage mit der Radialkolben-Verteilereinspritzpumpe VR an einem Vierzylinder-Dieselmotor (DI) mit ihren verschiedenen Komponenten. Diese Pumpe ist mit einem integriertem Motor- und Pumpensteuergerät ausgerüstet. Das Bild zeigt die Vollausstattung. Je nach Einsatzart und Fahrzeugtyp kommen einzelne Komponenten nicht zur Anwendung.

Um eine übersichtlichere Darstellung zu erhalten, sind die Sensoren und Sollwertgeber (A) nicht in ihrer Einbauposition dargestellt. Ausnahme bildet der Nadelbewegungssensor (21).

Über den CAN-Bus im Bereich „Schnittstellen" (B) ist der Datenaustausch zu den verschiedensten Bereichen möglich:
▸ Starter,
▸ Generator,
▸ elektronische Wegfahrsperre,
▸ Getriebesteuerung,
▸ Antriebsschlupfregelung (ASR) und
▸ Elektronisches Stabilitätsprogramm (ESP).

Auch das Kombiinstrument (12) und die Klimaanlage (13) können über den CAN-Bus angeschlossen sein.

Bild 3

Motor, Motorsteuerung und Hochdruck-Einspritzkomponenten

16 Antrieb der Einspritzpumpe
17 Integriertes Motor-/Pumpensteuergerät PSG16
18 Radialkolben-Verteilereinspritzpumpe (VP44)
21 Düsenhalterkombination mit Nadelbewegungssensor (Zylinder 1)
22 Glühstiftkerze
23 Dieselmotor (DI)
M Drehmoment

A Sensoren und Sollwertgeber

1 Fahrpedalsensor
2 Kupplungsschalter
3 Bremskontakte (2)
4 Bedienteil für Fahrgeschwindigkeitsregler
5 Glüh-Start-Schalter („Zündschloss")
6 Fahrgeschwindigkeitssensor
7 Kurbelwellendrehzahlsensor (induktiv)
8 Motortemperatursensor (im Kühlmittelkreislauf)
9 Ansauglufttemperatursensor
10 Ladedrucksensor
11 Heißfilm-Luftmassenmesser (Ansaugluft)

B Schnittstellen

12 Kombiinstrument mit Signalausgabe für Kraftstoffverbrauch, Drehzahl usw.
13 Klimakompressor mit Bedienteil
14 Diagnoseschnittstelle
15 Glühzeitsteuergerät
CAN Controller Area Network (serieller Datenbus im Kraftfahrzeug)

C Kraftstoffversorgung (Niederdruckteil)

19 Kraftstofffilter mit Überströmventil
20 Kraftstoffbehälter mit Vorfilter und Vorförderpumpe (Vorförderpumpe nur bei langen Leitungen oder großem Höhenunterschied zwischen Kraftstoffbehälter und Einspritzpumpe)

D Luftversorgung

24 Abgasrückführsteller mit Abgasrückführventil
25 Unterdruckpumpe
26 Regelklappe
27 Abgasturbolader (hier mit variabler Turbinengeometrie VTG)
28 Ladedrucksteller

E Abgasnachbehandlung

29 Diesel-Oxidationskatalysator DOC (Diesel Oxygen Catalyst)

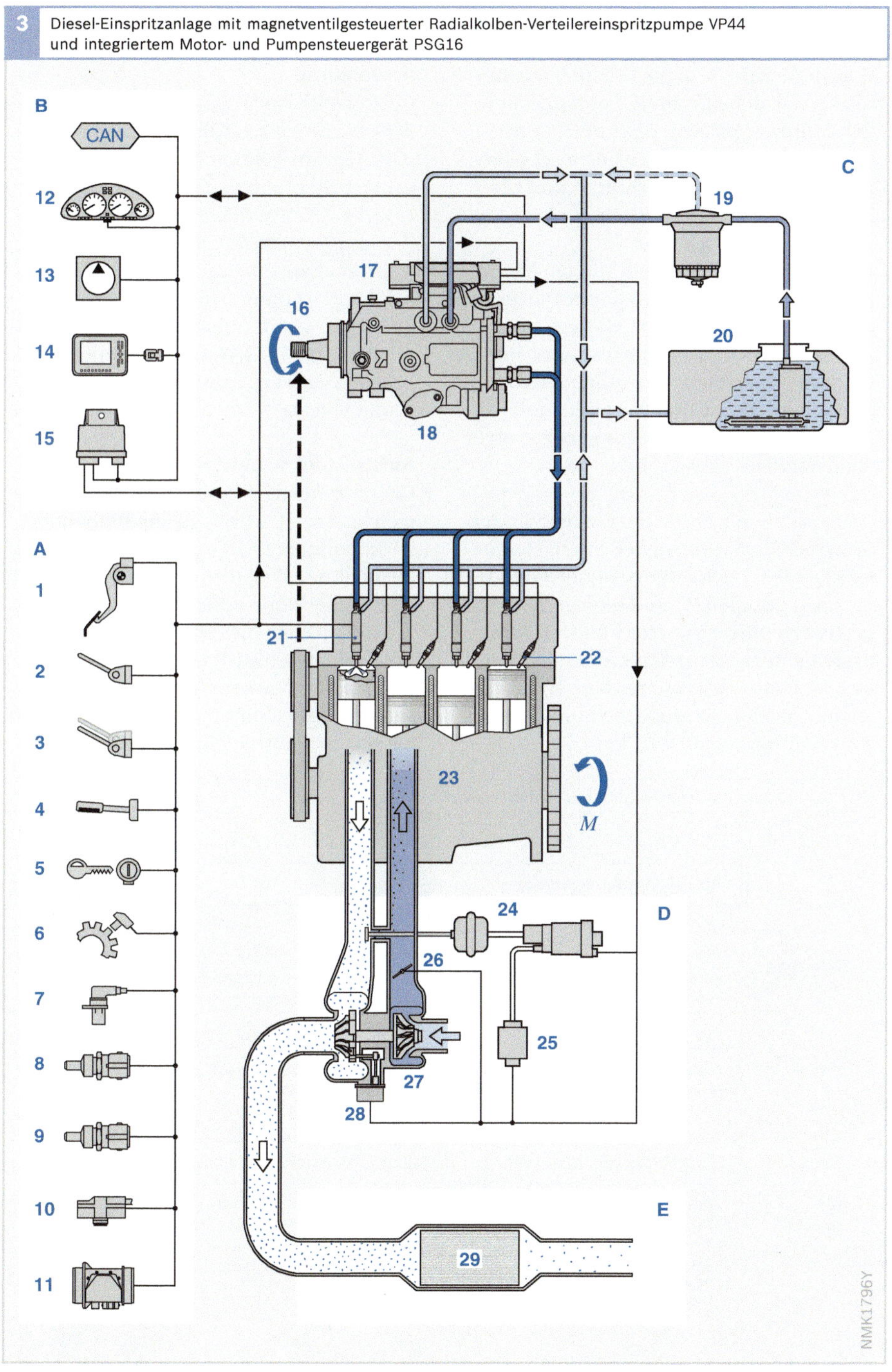

3
Diesel-Einspritzanlage mit magnetventilgesteuerter Radialkolben-Verteilereinspritzpumpe VP44
und integriertem Motor- und Pumpensteuergerät PSG16
B
CAN
C
12
19
13
17
16
14
20
15
18
A
1
21
2
22
3
23
4
M
5
6
24
D
7
26
8
25
9
27
10
28
11
E
29
NMK1796Y

Systemübersicht der Einzelzylinder-Systeme

Dieselmotoren mit Einzelzylinder-Systemen haben für jeden Motorzylinder eine Einspritzeinheit. Diese Einspritzeinheiten lassen sich gut an den entsprechenden Motor anpassen. Die kurzen Einspritzleitungen ermöglichen ein besonders gutes Einspritzverhalten und die höchsten Einspritzdrücke.

Ständig steigende Anforderungen haben zur Entwicklung verschiedener Dieseleinspritzsysteme geführt, die auf die jeweiligen Erfordernisse abgestimmt sind. Moderne Dieselmotoren sollen schadstoffarm und wirtschaftlich arbeiten, hohe Leistungen und hohe Drehmomente erreichen und dabei leise sein.

Grundsätzlich werden bei Einzelzylinder-Systemen drei verschiedene Bauarten unterschieden: die kantengesteuerten Einzeleinspritzpumpen PF und die magnetventilgesteuerten Unit Injector und Unit Pump Systeme. Diese Bauarten unterscheiden sich nicht nur in ihrem Aufbau, sondern auch in ihren Leistungsdaten und ihren Anwendungsgebieten (Bild 1).

Einzeleinspritzpumpen PF

Anwendung
Die Einzeleinspritzpumpen PF sind besonders wartungsfreundlich. Sie werden im „Off Highway"-Bereich eingesetzt:
- Einspritzpumpen für Dieselmotoren von 4...75 kW/Zylinder für kleine Baumaschinen, Pumpen, Traktoren und Stromaggregate und
- Einspritzpumpen für Großmotoren ab 75 kW/Zylinder bis zu einer Zylinderleistung von 1000 kW. Diese Pumpen ermöglichen die Förderung von Dieselkraftstoff und von Schweröl mit hoher Viskosität.

Aufbau und Arbeitsweise
Die Einzeleinspritzpumpen PF haben die gleiche Arbeitsweise wie die Reiheneinspritzpumpen PE. Sie haben ein Pumpenelement, bei dem die Einspritzmenge über eine Steuerkante verändert werden kann.

Die Einzeleinspritzpumpen werden mit je einem Flansch am Motor befestigt und von der Nockenwelle für die Ventilsteuerung des Motors angetrieben. Daher leitet sich die Bezeichnung Pumpe mit

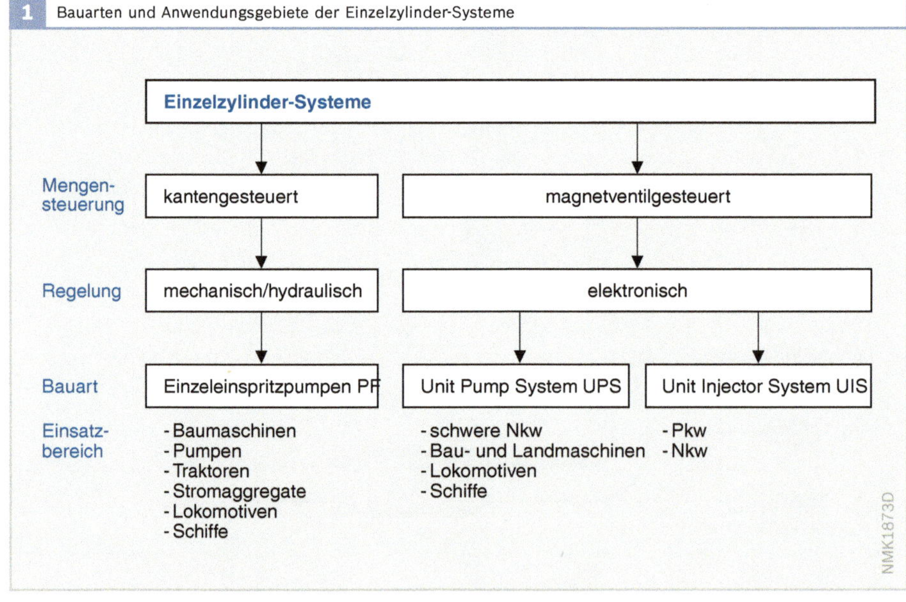

1 Bauarten und Anwendungsgebiete der Einzelzylinder-Systeme

Fremdantrieb PF ab. Sie werden auch Steckpumpen genannt.

Kleine PF-Einspritzpumpen gibt es auch in 2-, 3- und 4-Zylinder-Versionen. Die übliche Bauweise ist jedoch die Einzylinder-Version, die als Einzeleinspritzpumpe bezeichnet wird.

Regelung

Wie bei den Reiheneinspritzpumpen greift eine im Motor integrierte Regelstange in das Pumpenelement der Einspritzpumpen ein. Ein Regler verschiebt die Regelstange und verändert so die Förder- bzw. Einspritzmenge.

Bei Großmotoren ist der Regler unmittelbar am Motorgehäuse befestigt. Dabei finden mechanisch-hydraulische, elektronische oder seltener rein mechanische Regler Verwendung.

Zwischen die Regelstange der Einzeleinspritzpumpen und das Übertragungsgestänge zum Regler ist bei großen PF-Pumpen ein federndes Zwischenglied geschaltet, sodass die Regelung der übrigen Pumpen bei einem eventuellen Blockieren des Verstellmechanismus einer einzelnen Pumpe gewährleistet bleibt.

Kraftstoffversorgung

Der Kraftstoff wird durch eine Zahnrad-Vorförderpumpe den Einzeleinspritzpumpen zugeführt. Diese fördert eine etwa 3...5-mal so große Menge Kraftstoff wie die maximale Volllastfördermenge aller Einspritzpumpen. Der Kraftstoffdruck beträgt etwa 3...10 bar.

Eine Filterung des Kraftstoffs durch Feinfilter mit Porengrößen von 5...30 µm hält Partikel vom Einspritzsystem fern. Diese könnten sonst zu einem vorzeitigen Verschleiß der hochpräzisen Bauteile des Einspritzsystems führen.

Einsatz im Common Rail System

Einzeleinspritzpumpen werden auch als Hochdruckpumpen für Common Rail Systeme für Truck- und Off-Highway-Applikationen verwendet und weiterentwickelt. Bild 2 zeigt den Einsatz der PF 45 in einem Common Rail System für einen Sechzylinder-Motor.

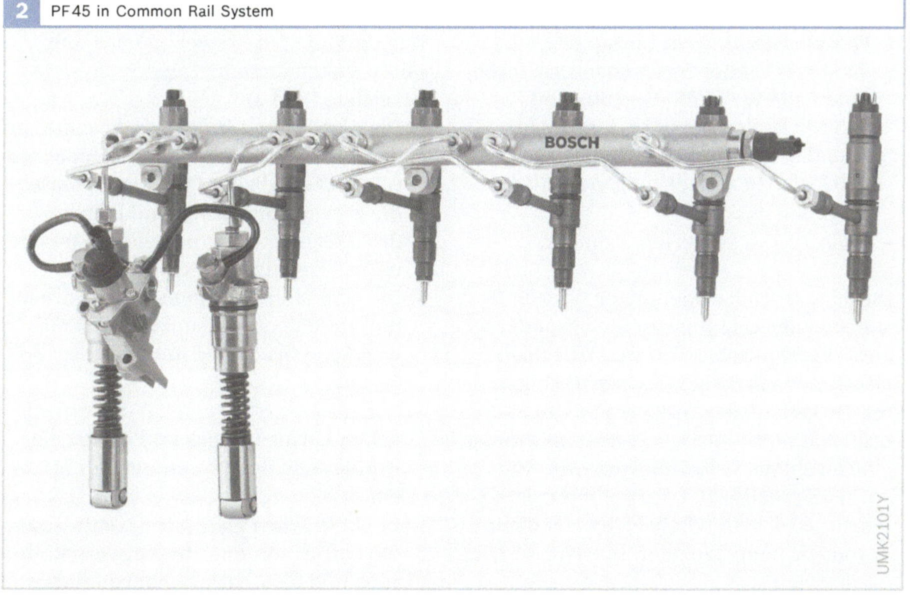

2 PF 45 in Common Rail System

Unit Injector System UIS und Unit Pump System UPS

Die Einspritzsysteme Unit Injector System UIS und Unit Pump System UPS erreichen im Vergleich zu den anderen Dieseleinspritzsystemen derzeit die höchsten Einspritzdrücke. Sie ermöglichen eine präzise Einspritzung, die optimal an den jeweiligen Betriebszustand des Motors angepasst werden kann. Damit ausgerüstete Dieselmotoren arbeiten schadstoffarm, wirtschaftlich und leise und erreichen dabei eine hohe Leistung und ein hohes Drehmoment.

Anwendungsgebiete
Unit Injector System UIS
Das Unit Injector System (auch Pumpe-Düse-Einheit PDE genannt) ging 1994 für Nkw und 1998 für Pkw in Serie. Es ist ein Einspritzsystem mit zeitgesteuerten Einzeleinspritzpumpen für Motoren mit Diesel-Direkteinspritzung (DI). Dieses System bietet eine deutlich höhere Flexibilität zur Anpassung des Einspritzsystems an den Motor als konventionelle kantengesteuerte Systeme. Es deckt ein weites Spektrum moderner Dieselmotoren für Pkw und Nkw ab:
- *Pkw* und *leichte Nkw:* Einsatzbereiche von Dreizylinder-Motoren mit 1,2 *l* Hubraum, 45 kW (61 PS) Leistung und 195 Nm Drehmoment bis hin zu 10-Zylinder-Motoren mit 5 *l* Hubraum, 230 kW (312 PS) Leistung und 750 Nm Drehmoment.
- *Schwere Nkw* bis 80 kW/Zylinder.

Da keine Hochdruckleitungen notwendig sind, hat der Unit Injector ein besonders gutes hydraulisches Verhalten. Deshalb lassen sich mit diesem System die höchsten Einspritzdrücke erzielen (bis zu 2200 bar). Beim Unit Injector System für Pkw ist eine mechanisch-hydraulische Voreinspritzung realisiert. Das Unit Injector System für Nkw bietet die Möglichkeit einer Voreinspritzung im unteren Drehzahl- und Lastbereich.

Unit Pump System UPS
Das Unit Pump System wird auch Pumpe-Leitung-Düse PLD genannt. Auch die Bezeichnung PF..MV wurde bei Großmotoren verwendet.

Das Unit Pump System ist wie das Unit Injector System ein Einspritzsystem mit zeitgesteuerten Einzeleinspritzpumpen für Motoren mit Diesel-Direkteinspritzung (DI). Es wird in folgenden Bauformen eingesetzt:
- UPS 12 für Nkw-Motoren mit bis zu 6 Zylindern und 37 kW/Zylinder,
- UPS 20 für schwere Nkw-Motoren mit bis zu 8 Zylindern und 65 kW/Zylinder,
- SP (Steckpumpe) für schwere Nkw-Motoren mit bis zu 18 Zylindern und 92 kW/Zylinder,
- SPS (Steckpumpe small) für Nkw-Motoren mit bis zu 6 Zylindern und 40 kW/Zylinder,
- UPS für Motoren in Bau- und Landmaschinen, Lokomotiven und Schiffen im Leistungsbereich bis 500 kW/Zylinder und bis zu 20 Zylindern.

Aufbau
Systembereiche
Das Unit Injector System und das Unit Pump System bestehen aus vier Systembereichen (Bild 3):
- Die *Elektronische Dieselregelung EDC* mit den Systemblöcken Sensoren, Steuergerät und Stellglieder (Aktoren) umfasst die gesamte Steuerung und Regelung des Dieselmotors sowie alle elektrischen und elektronischen Schnittstellen.
- Die *Kraftstoffversorgung* (Niederdruckteil) stellt den Kraftstoff mit dem notwendigen Druck und Reinheit zur Verfügung.
- Der *Hochdruckteil* erzeugt den erforderlichen Einspritzdruck und spritzt den Kraftstoff in den Brennraum des Motors ein.
- Die *Luft- und Abgassysteme* umfassen die Luftversorgung, die Abgasrückführung und die Abgasnachbehandlung.

Unterschiede

Der wesentliche Unterschied zwischen dem Unit Injector System und dem Unit Pump System besteht im motorischen Aufbau (Bild 4).

Beim *Unit Injector System* bilden Hochdruckpumpe und Einspritzdüse eine Einheit – den „Unit Injector". Für jeden Motorzylinder ist ein Injektor in den Zylinder eingebaut. Da keine Einspritzleitungen vorhanden sind, können sehr hohe Einspritzdrücke und ein sehr guter Einspritzverlauf erreicht werden.

Beim *Unit Pump System* sind die Hochdruckpumpe – die „Unit Pump" – und die Düsenhalterkombination getrennte Baugruppen, die durch eine kurze Hochdruckleitung miteinander verbunden sind. Dadurch ergeben sich Vorteile bei der Anordnung im Motorraum, beim Pumpenantrieb und beim Kundendienst.

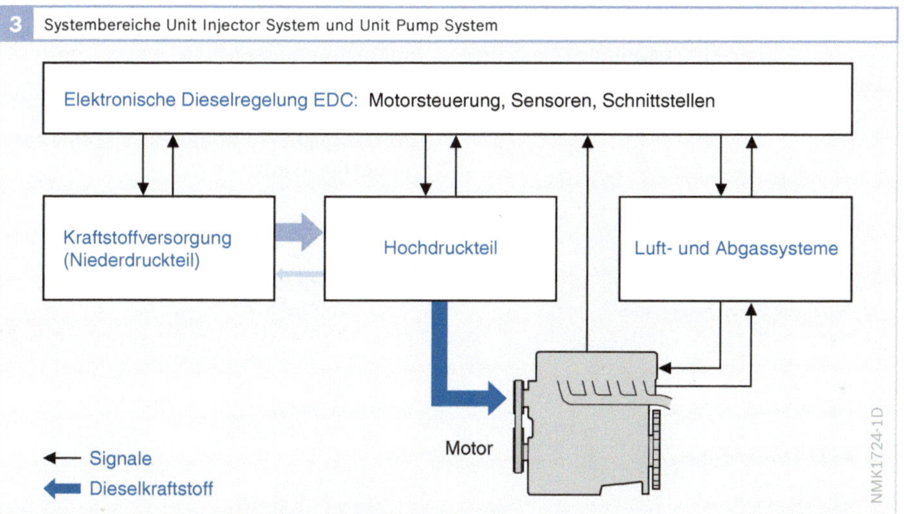

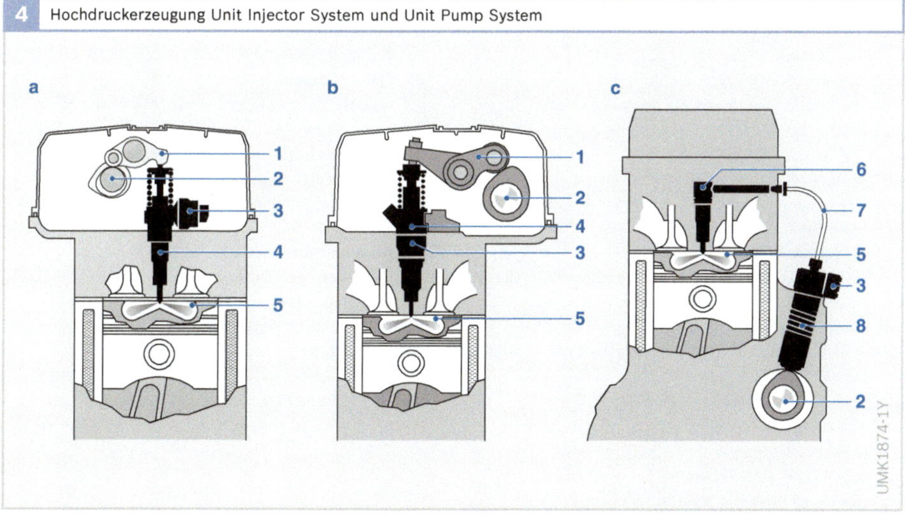

Bild 4
a Unit Injector System für Pkw
b Unit Injector System für Nkw
c Unit Pump System für Nkw

1 Kipphebel
2 Nockenwelle
3 Hochdruck-magnetventil
4 Unit Injector
5 Brennraum des Motors
6 Düsenhalter-kombination
7 kurze Hochdruck-leitung
8 Unit Pump

Systembild UIS für Pkw

Bild 5 zeigt alle Komponenten eines Unit Injector Systems für einen Zehnzylinder-Pkw-Dieselmotor mit Vollausstattung. Je nach Fahrzeugtyp und Einsatzart kommen einzelne Komponenten nicht zur Anwendung.

Um eine übersichtlichere Darstellung zu erhalten, sind die Sensoren und Sollwertgeber (A) nicht an ihrem Einbauort dargestellt. Ausnahme bilden die Komponenten der Abgasnachbehandlung (F), da ihre Einbauposition zum Verständnis der Anlage notwendig ist.

Über den CAN-Bus im Bereich „Schnittstellen" (B) ist der Datenaustausch zu den verschiedensten Bereichen möglich:
▸ Starter,
▸ Generator,
▸ elektronische Wegfahrsperre,
▸ Getriebesteuerung,
▸ Antriebsschlupfregelung (ASR) und
▸ Elektronisches Stabilitätsprogramm (ESP).

Auch das Kombiinstrument (12) und die Klimaanlage (13) können über den CAN-Bus angeschlossen sein.

Für die Abgasnachbehandlung werden drei mögliche Kombinationssysteme aufgeführt (a, b oder c).

Bild 5

Motor, Motorsteuerung und Hochdruck-Einspritzkomponenten
24 Verteilerrohr
25 Nockenwelle
26 Unit Injector
27 Glühstiftkerze
28 Dieselmotor (DI)
29 Motorsteuergerät (Master)
30 Motorsteuergerät (Slave)
M Drehmoment

A Sensoren und Sollwertgeber
1 Fahrpedalsensor
2 Kupplungsschalter
3 Bremskontakte (2)
4 Bedienteil für Fahrgeschwindigkeitsregler
5 Glüh-Start-Schalter („Zündschloss")
6 Fahrgeschwindigkeitssensor
7 Kurbelwellendrehzahlsensor (induktiv)
8 Motortemperatursensor (im Kühlmittelkreislauf)
9 Ansauglufttemperatursensor
10 Ladedrucksensor
11 Heißfilm-Luftmassenmesser (Ansaugluft)

B Schnittstellen
12 Kombiinstrument mit Signalausgabe für Kraftstoffverbrauch, Drehzahl usw.
13 Klimakompressor mit Bedienteil
14 Diagnoseschnittstelle
15 Glühzeitsteuergerät
CAN Controller Area Network
    (serieller Datenbus im Kraftfahrzeug)

C Kraftstoffversorgung (Niederdruckteil)
16 Kraftstofffilter mit Überströmventil
17 Kraftstoffbehälter mit Vorfilter und Elektrokraftstoffpumpe EKP (Vorförderpumpe)
18 Füllstandsensor
19 Kraftstoffkühler
20 Druckbegrenzungsventil

D Additivsystem
21 Additivdosiereinheit
22 Additivtank

E Luftversorgung
31 Abgasrückführkühler
32 Ladedrucksteller
33 Abgasturbolader (hier mit variabler Turbinengeometrie VTG)
34 Saugrohrklappe
35 Abgasrückführsteller
36 Unterdruckpumpe

F Abgasnachbehandlung
38 Breitband-Lambda-Sonde LSU
39 Abgastemperatursensor
40 Oxidationskatalysator
41 Partikelfilter
42 Differenzdrucksensor
43 NO_X-Speicherkatalysator
44 Breitband-Lambda-Sonde, optional NO_X-Sensor

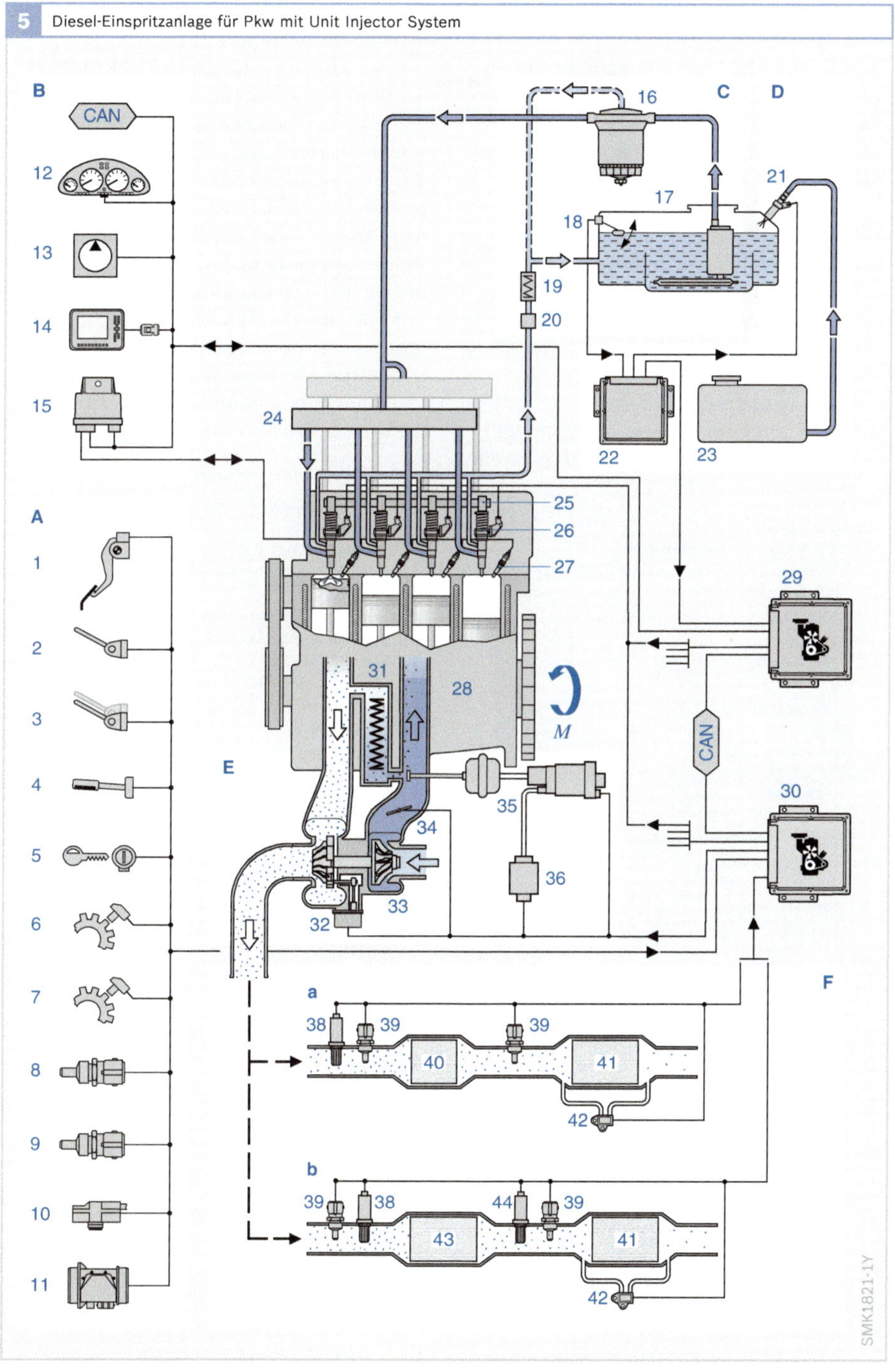
5
Diesel-Einspritzanlage für Pkw mit Unit Injector System
B
CAN
12
13
14
15
A
1
2
3
4
5
6
7
8
9
10
11
16
C
D
17
18
19
20
21
22
23
24
25
26
27
29
CAN
30
31
28
M
E
32
33
34
35
36
F
a
38
39
39
40
41
42
b
39
38
44
39
43
41
42
SMK1821-1Y

Systembild UIS/UPS für Nkw

Bild 6 zeigt alle Komponenten eines Unit Injector Systems für einen Sechszylinder-Nkw-Dieselmotor. Je nach Fahrzeugtyp und Einsatzart kommen einzelne Komponenten nicht zur Anwendung.

Die Bereiche der Elektronischen Dieselregelung EDC (Sensoren, Schnittstellen und Motorsteuerung), Kraftstoffversorgung, Luftversorgung und Abgasnachbehandlung sind beim Unit Injector und Unit Pump System sehr ähnlich. Sie unterscheiden sich lediglich im Hochdruckteil.

Um eine übersichtlichere Darstellung zu erhalten, sind nur die Sensoren und Sollwertgeber an ihrem Einbauort dargestellt, deren Einbauposition zum Verständnis der Anlage notwendig ist.

Über den CAN-Bus im Bereich „Schnittstellen" (B) ist der Datenaustausch zu den verschiedensten Bereichen möglich (z. B. Getriebesteuerung, Antriebsschlupfregelung (ASR), Elektronisches Stabilitätsprogramm (ESP), Ölgütesensor, Fahrtschreiber, Abstandsradar, Fahrzeugmanagement, Bremskoordinator, Flottenmanagement – bis zu 30 Steuergeräte). Auch der Generator (18) und die Klimaanlage (17) können über den CAN-Bus angeschlossen sein.

Für die Abgasnachbehandlung werden drei mögliche Kombinationssysteme aufgeführt (a, b oder c).

Bild 6
Motor, Motorsteuerung und
Hochdruck-Einspritzkomponenten
22 Unit Pump und Düsenhalterkombination
23 Unit Injector
24 Nockenwelle
25 Kipphebel
26 Motorsteuergerät
27 Relais
28 Zusatzaggregate (z. B. Retarder, Auspuffklappe für
    Motorbremse, Starter, Lüfter)
29 Dieselmotor (DI)
30 Flammkerze (alternativ Grid-Heater)
M Drehmoment

A Sensoren und Sollwertgeber
1 Fahrpedalsensor
2 Kupplungsschalter
3 Bremskontakte (2)
4 Motorbremskontakt
5 Feststellbremskontakt
6 Bedienschalter (z. B. Fahrgeschwindigkeitsregler,
    Zwischendrehzahlregelung, Drehzahl- und
    Drehmomentreduktion)
7 Schlüssel-Start-Stopp („Zündschloss")
8 Turboladerdrehzahlsensor
9 Kurbelwellendrehzahlsensor (induktiv)
10 Nockenwellendrehzahlsensor
11 Kraftstofftemperatursensor
12 Motortemperatursensor (im Kühlmittelkreislauf)
13 Ladelufttemperatursensor
14 Ladedrucksensor
15 Lüfterdrehzahlsensor
16 Luftfilter-Differenzdrucksensor

B Schnittstellen
17 Klimakompressor mit Bedienteil
18 Generator
19 Diagnoseschnittstelle

20 SCR-Steuergerät
21 Luftkompressor
CAN Controller Area Network (serieller Datenbus im
    Kraftfahrzeug) (bis zu 3 Busse)

C Kraftstoffversorgung (Niederdruckteil)
31 Kraftstoffvorförderpumpe
32 Kraftstofffilter mit Wasserstands- und Drucksensoren
33 Steuergerätekühler
34 Kraftstoffbehälter mit Vorfilter
35 Füllstandsensor
36 Druckbegrenzungsventil

D Luftversorgung
37 Abgasrückführkühler
38 Regelklappe
39 Abgasrückführsteller mit Abgasrückführventil und
    Positionssensor
40 Ladeluftkühler mit Bypass für Kaltstart
41 Abgasturbolader (hier VTG) mit Positionssensor
42 Ladedrucksteller

E Abgasnachbehandlung
43 Abgastemperatursensor
44 Oxidationskatalysator
45 Differenzdrucksensor
46 katalytisch beschichteter Partikelfilter (CSF)
47 Rußsensor
48 Füllstandsensor
49 Reduktionsmitteltank
50 Reduktionsmittelförderpumpe
51 Reduktionsmitteldüse
52 NO_x-Sensor
53 SCR-Katalysator
54 NH_3-Sensor

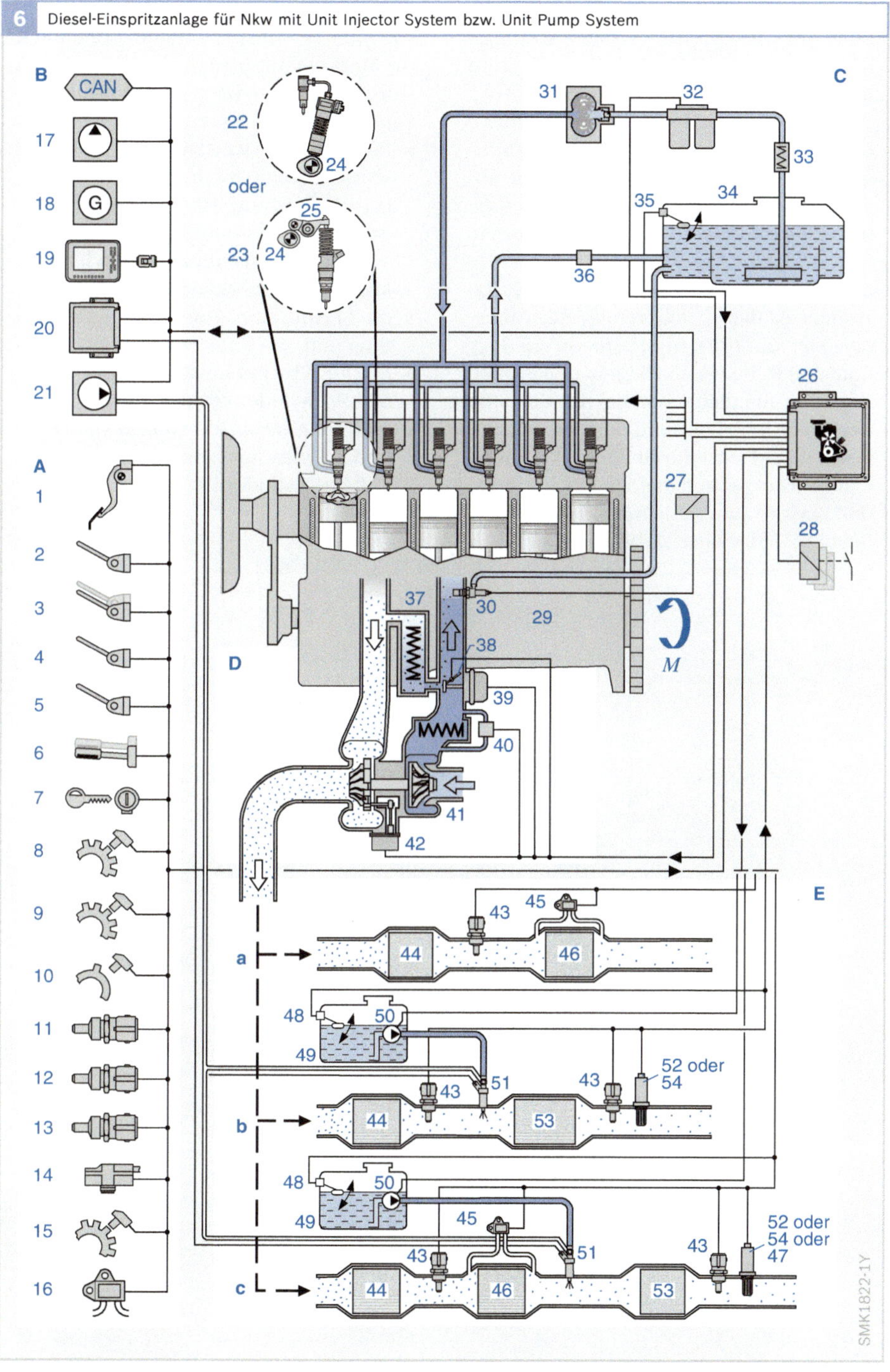

6
Diesel-Einspritzanlage für Nkw mit Unit Injector System bzw. Unit Pump System
B
CAN
17
18 G
19
20
21
A
1
2
3
4
5
6
7
8
9
10
11
12
13
14
15
16
22
oder
23
24
25
24
D
37
30
29
38
39
40
41
42
M
31
32
33
35
34
36
C
26
27
28
E
a
43
45
44
46
48
50
49
43
51
52 oder
54
43
b
44
53
48
50
49
45
52 oder
54 oder
47
43
51
43
c
44
46
53
SMK1822-1Y

Systemübersicht Common Rail

Die Anforderungen an die Einspritzsysteme des Dieselmotors steigen ständig. Höhere Drücke, schnellere Schaltzeiten und eine flexible Anpassung des Einspritzverlaufs an den Betriebszustand des Motors machen den Dieselmotor sparsam, sauber und leistungsstark. So haben Dieselmotoren auch den Einzug in die automobile Oberklasse gefunden.

Eines dieser hoch entwickelten Einspritzsysteme ist das Speichereinspritzsystem *Common Rail (CR)*. Der Hauptvorteil des Common Rail Systems liegt in den großen Variationsmöglichkeiten bei der Gestaltung des Einspritzdrucks und der Einspritzzeitpunkte. Dies wird durch die Entkopplung von Druckerzeugung (Hochdruckpumpe) und Einspritzung (Injektoren) erreicht. Als Druckspeicher dient dabei das Rail.

Anwendungsgebiete

Das Speichereinspritzsystem Common Rail für Motoren mit Diesel-Direkteinspritzung (Direct Injection, DI) wird in folgenden Fahrzeugen eingesetzt:

▶ *Pkw* mit sehr sparsamen Dreizylinder-Motoren von 0,8 *l* Hubraum, 30 kW (41 PS) Leistung, 100 Nm Drehmoment und einem Kraftstoffverbrauch von 3,5 *l*/100 km bis hin zu Achtzylinder-Motoren in Oberklassefahrzeugen mit ca. 4 *l* Hubraum, 180 kW (245 PS) Leistung und 560 Nm Drehmoment.

▶ *Leichte Nkw* mit Leistungen bis 30 kW/Zylinder sowie

▶ *schwere Nkw* bis hin zu *Lokomotiven* und *Schiffen* mit Leistungen bis ca. 200 kW/Zylinder.

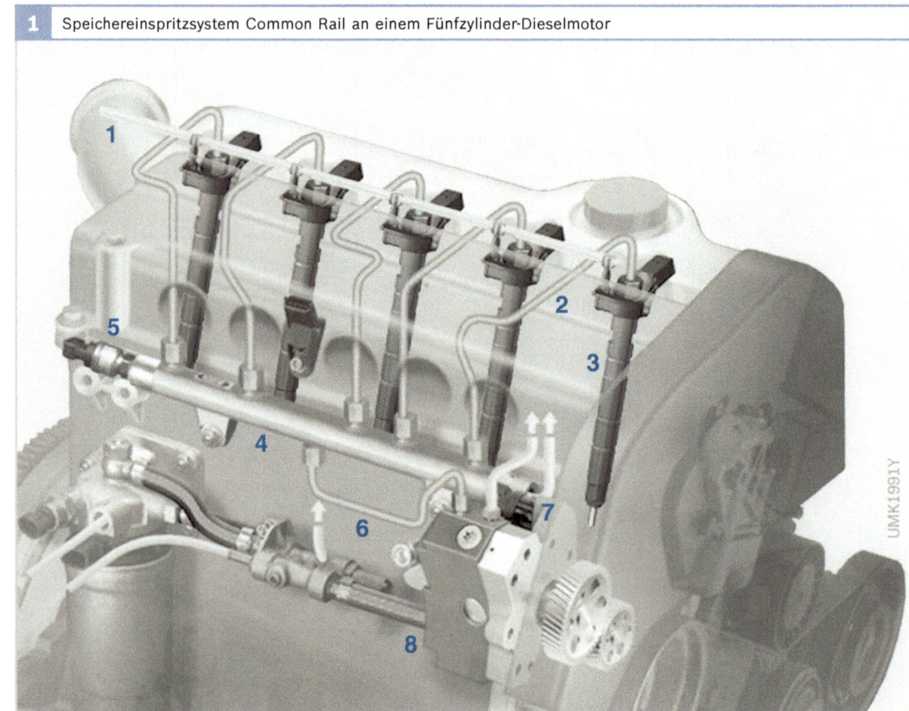

1   Speichereinspritzsystem Common Rail an einem Fünfzylinder-Dieselmotor

Bild 1

1   Kraftstoff-Rückleitung
2   Hochdruck-Kraftstoffleitung zum Injektor
3   Injektor
4   Rail
5   Raildrucksensor
6   Hochdruck-Kraftstoffleitung zum Rail
7   Kraftstoff-Rücklauf
8   Hochdruckpumpe

Das Common Rail System bietet eine hohe Flexibilität zur Anpassung der Einspritzung an den Motor. Das wird erreicht durch:
- Hohen Einspritzdruck bis ca. 2200 bar. An den Betriebszustand angepassten Einspritzdruck (200…2200 bar).
- Variablen Einspritzbeginn. Möglichkeit mehrerer Vor- und Nacheinspritzungen (selbst sehr späte Nacheinspritzungen sind möglich).

Damit leistet das Common Rail System einen Beitrag zur Erhöhung der spezifischen Leistung, zur Senkung des Kraftstoffverbrauchs sowie zur Verringerung der Geräuschemission und des Schadstoffausstoßes von Dieselmotoren.

Common Rail ist heute für moderne schnell laufende Pkw-DI-Motoren das am häufigsten eingesetzte Einspritzsystem.

Aufbau

Das Common Rail System besteht aus folgenden Hauptgruppen (Bilder 1 und 2):
- *Niederdruckteil* mit den Komponenten der Kraftstoffversorgung,
- *Hochdruckteil* mit den Komponenten Hochdruckpumpe, Rail, Injektoren und Hochdruck-Kraftstoffleitungen,
- *Elektronische Dieselregelung (EDC)* mit den Systemblöcken Sensoren, Steuergerät und Stellglieder (Aktoren).

Kernbestandteile des Common Rail Systems sind die Injektoren. Sie enthalten ein schnell schaltendes Ventil (Magnetventil oder Piezosteller), über das die Einspritzdüse geöffnet und geschlossen wird. So kann der Einspritzvorgang für jeden Zylinder einzeln gesteuert werden.

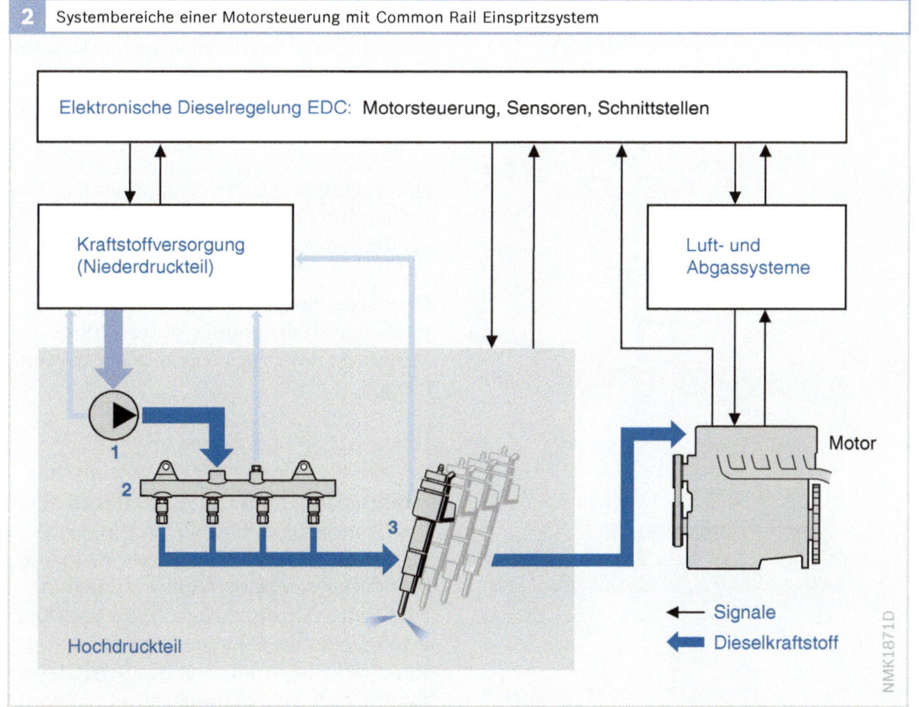

2 Systembereiche einer Motorsteuerung mit Common Rail Einspritzsystem

Bild 2
1 Hochdruckpumpe
2 Rail
3 Injektoren

Die Injektoren sind gemeinsam am Rail angeschlossen. Daher leitet sich der Name „Common Rail" (englisch für „gemeinsame Schiene/Rohr") ab.

Kennzeichnend für das Common Rail System ist, dass der Systemdruck abhängig vom Betriebspunkt des Motors eingestellt werden kann. Die Einstellung des Drucks erfolgt über das Druckregelventil oder über die Zumesseinheit (Bild 3).

Der modulare Aufbau des Common Rail Systems erleichtert die Anpassung an die verschiedenen Motoren.

Arbeitsweise

Beim Speichereinspritzsystem Common Rail sind Druckerzeugung und Einspritzung entkoppelt. Der Einspritzdruck wird unabhängig von der Motordrehzahl und der Einspritzmenge erzeugt. Die Elektronische Dieselregelung (EDC) steuert die einzelnen Komponenten an.

Druckerzeugung
Die Entkopplung von Druckerzeugung und Einspritzung geschieht mithilfe eines Speichervolumens. Der unter Druck stehende Kraftstoff steht im Speichervolumen des „Common Rail" für die Einspritzung bereit.

Eine vom Motor angetriebene, kontinuierlich arbeitende Hochdruckpumpe baut den gewünschten Einspritzdruck auf. Sie erhält den Druck im Rail weitgehend unabhängig von der Motordrehzahl und der Einspritzmenge aufrecht. Wegen der nahezu gleichförmigen Förderung kann die Hochdruckpumpe deutlich kleiner und mit geringerem Spitzenantriebsmoment ausgelegt sein als bei konventionellen Einspritzsystemen. Das hat auch eine deutliche Entlastung des Pumpenantriebes zur Folge.

Die Hochdruckpumpe ist als Radialkolbenpumpe, bei Nkw teilweise auch als Reihenpumpe ausgeführt.

Druckregelung
Je nach System kommen unterschiedliche Verfahren der Druckregelung zur Anwendung.

Hochdruckseitige Regelung
Bei Pkw-Systemen wird der gewünschte Raildruck über ein Druckregelventil hochdruckseitig geregelt (Bild 3a, Pos. 4). Nicht für die Einspritzung benötigter Kraftstoff fließt über das Druckregelventil in den Niederdruckkreis zurück. Diese Regelung ermöglicht eine schnelle Anpassung des Raildrucks bei Änderung des Betriebspunkts (z. B. bei Lastwechsel).

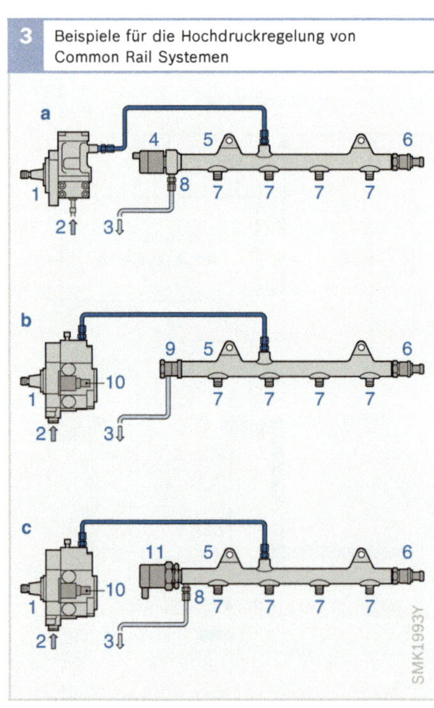

Die hochdruckseitige Regelung wurde bei den ersten Common Rail Systemen angewandt. Das Druckregelventil ist vorzugsweise am Rail, bei einzelnen Anwendungen direkt an der Hochdruckpumpe angebaut.

Saugseitige Mengenregelung

Eine weitere Möglichkeit, den Raildruck zu regeln, besteht in der saugseitigen Mengenregelung (Bild 3b). Die an der Hochdruckpumpe angeflanschte Zumesseinheit (10) sorgt dafür, dass die Pumpe exakt die Kraftstoffmenge in das Rail fördert, mit welcher der vom System geforderte Einspritzdruck aufrechterhalten wird. Ein Druckbegrenzungsventil (9) verhindert im Fehlerfall einen unzulässig hohen Anstieg des Raildrucks.

Mit der saugseitigen Mengenregelung ist die auf Hochdruck verdichtete Kraftstoffmenge und somit auch die Leistungsaufnahme der Pumpe geringer. Das wirkt sich positiv auf den Kraftstoffverbrauch aus. Außerdem wird die Temperatur des in den Kraftstoffbehälter rücklaufenden Kraftstoffs gegenüber der hochdruckseitigen Regelung reduziert.

Zweistellersystem

Das Zweistellersystem (Bild 3c) mit der saugseitigen Druckregelung über die Zumesseinheit und der hochdruckseitigen Regelung über das Druckregelventil kombiniert die Vorteile von hochdruckseitiger Regelung und saugseitiger Mengenregelung (s. Abschnitt „Common Rail System für Pkw").

Einspritzung

Die Injektoren spritzen den Kraftstoff direkt in den Brennraum des Motors ein. Sie werden über kurze Hochdruck-Kraftstoffleitungen aus dem Rail versorgt. Das Motorsteuergerät steuert das im Injektor integrierte Schaltventil an, das die Einspritzdüse öffnet und wieder schließt.

Öffnungsdauer des Injektors und Systemdruck bestimmen die eingebrachte Kraftstoffmenge. Sie ist bei konstantem Druck proportional zur Einschaltzeit des Schaltventils und damit unabhängig von der Motor- bzw. Pumpendrehzahl (zeitgesteuerte Einspritzung).

Hydraulisches Leistungspotenzial

Die Trennung der Funktionen *Druckerzeugung* und *Einspritzung* eröffnet gegenüber konventionellen Einspritzsystemen einen weiteren Freiheitsgrad bei der Verbrennungsentwicklung: der Einspritzdruck kann im Kennfeld weitgehend frei gewählt werden. Der maximale Einspritzdruck beträgt derzeit 1800 bar.

Das Common Rail System ermöglicht mit Voreinspritzungen bzw. Mehrfacheinspritzungen eine weitere Absenkung von Abgasemissionen und reduziert deutlich das Verbrennungsgeräusch. Mit mehrmaligem Ansteuern des äußerst schnellen Schaltventils lassen sich Mehrfacheinspritzungen mit bis zu fünf Einspritzungen pro Einspritzzyklus erzeugen. Die Düsennadel schließt mit hydraulischer Unterstützung und sichert so ein rasches Spritzende.

Steuerung und Regelung

Arbeitsweise

Das Motorsteuergerät erfasst mithilfe der
Sensoren die Fahrpedalstellung und den
aktuellen Betriebszustand von Motor und
Fahrzeug (siehe auch Kapitel „Elektro-
nische Dieselregelung"). Dazu gehören un-
ter anderem:
- Kurbelwellendrehzahl und -winkel,
- Raildruck,
- Ladedruck,
- Ansaugluft-, Kühlmittel- und Kraftstoff-
  temperatur,
- angesaugte Luftmasse,
- Fahrgeschwindigkeit usw.

Das Steuergerät wertet die Eingangs-
signale aus und berechnet verbrennungs-
synchron die Ansteuersignale für das
Druckregelventil oder die Zumesseinheit,
die Injektoren und die übrigen Stellglieder
(z.B. Abgasrückführventil, Steller des
Turboladers).

Die erforderlichen kurzen Schaltzeiten
für die Injektoren lassen sich mit den opti-
mierten Hochdruckschaltventilen und
einer speziellen Ansteuerung erreichen.
Das Winkel-Zeit-System gleicht den Einspritzzeitpunkt mit den Daten des Kurbel-
und Nockenwellensensors an den Motor-
zustand an (Zeitsteuerung). Die Elektronische Dieselregelung (EDC) erlaubt es,
die Einspritzmenge exakt zu dosieren.
Außerdem bietet die EDC das Potenzial
für weitere Zusatzfunktionen, die das
Fahrverhalten verbessern und den Komfort erhöhen.

Grundfunktionen

Die Grundfunktionen steuern die Einspritzung von Dieselkraftstoff zum richtigen
Zeitpunkt, in der richtigen Menge und
mit dem vorgegebenen Druck. Sie sichern
damit einen verbrauchsgünstigen und
ruhigen Lauf des Dieselmotors.

Korrekturfunktionen für die Einspritz-berechnung

Um Toleranzen von Einspritzsystem und
Motor auszugleichen, stehen eine Reihe
von Korrekturfunktionen zur Verfügung:
- Injektormengenabgleich,
- Nullmengenkalibrierung,
- Mengenausgleichsregelung,
- Mengenmittelwertadaption.

Zusatzfunktionen

Zusätzliche Steuer- und Regelfunktionen
dienen einer Reduzierung der Abgasemissionen und des Kraftstoffverbrauchs oder
erhöhen die Sicherheit und den Komfort.
Beispiele dafür sind:
- Regelung der Abgasrückführung,
- Ladedruckregelung,
- Fahrgeschwindigkeitsregelung,
- elektronische Wegfahrsperre usw.

Die Integration der EDC in ein Fahrzeug-
Gesamtsystem eröffnet ebenfalls eine
Reihe neuer Möglichkeiten, z.B. Datenaus-
tausch mit der Getriebesteuerung oder der
Klimaregelung.

Eine Diagnoseschnittstelle erlaubt die
Auswertung der gespeicherten System-
daten bei der Fahrzeuginspektion.

Steuergerätekonfiguration

Da das Motorsteuergerät in der Regel nur
bis zu acht Endstufen für die Injektoren
besitzt, werden für Motoren mit mehr als
acht Zylindern zwei Motorsteuergeräte
eingesetzt. Sie sind über eine sehr schnelle
interne CAN-Schnittstelle im „Master
Slave"-Verbund gekoppelt. Dadurch steht
auch mehr Mikrocontrollerkapazität zur
Verfügung. Einige Funktionen sind jeweils
fest einem Steuergerät zugeordnet (z.B.
Mengenausgleichsregelung). Andere können bei der Konfiguration flexibel einem
Steuergerät zugeordnet werden (z.B. die
Erfassung von Sensoren).

Funktionsbeschreibung

Der Injektormengenabgleich (IMA) ist eine Softwarefunktion zur Steigerung der Mengenzumessgenauigkeit und gleichzeitig der Injektor-Gutausbringung am Motor. Die Funktion hat die Aufgabe, die Einspritzmenge für jeden Injektor eines CR-Systems im gesamten Kennfeldbereich individuell auf den Sollwert zu korrigieren. Dadurch ergibt sich eine Reduktion der Systemtoleranzen und des Emissionsstreubandes. Die für die IMA benötigten Abgleichwerte stellen die Differenz zum Sollwert des jeweiligen Werksprüfpunktes dar und werden in verschlüsselter Form auf jeden Injektor beschriftet.

Mithilfe eines Korrekturkennfeldes, das mit den Abgleichwerten eine Korrekturmenge errechnet, wird der gesamte motorisch relevante Bereich korrigiert. Am Bandende des Automobilherstellers werden die EDC-Abgleichwerte der verbauten Injektoren und die Zuordnung zu den Zylindern über EOL-Programmierung in das Steuergerät programmiert. Auch bei einem Injektoraustausch in der Kundendienstwerkstatt werden die Abgleichwerte neu programmiert.

Notwendigkeit dieser Funktion

Die technischen Aufwendungen für eine weitere Einengung der Fertigungstoleranzen von Injektoren steigen exponentiell und erscheinen finanziell unwirtschaftlich. Der IMA stellt die zielführende Lösung dar, die Gutausbringung zu erhöhen und gleichzeitig die motorische Mengenzumessgenauigkeit und damit die Emissionen zu verbessern.

Messwerte bei der Prüfung

Bei der Bandendeprüfung wird jeder Injektor an mehreren Punkten, die repräsentativ für das Streuverhalten dieses Injektortyps sind, gemessen. An diesen Punkten werden die Abweichungen zum Sollwert (Abgleichwerte) berechnet und anschließend auf dem Injektorkopf beschriftet.

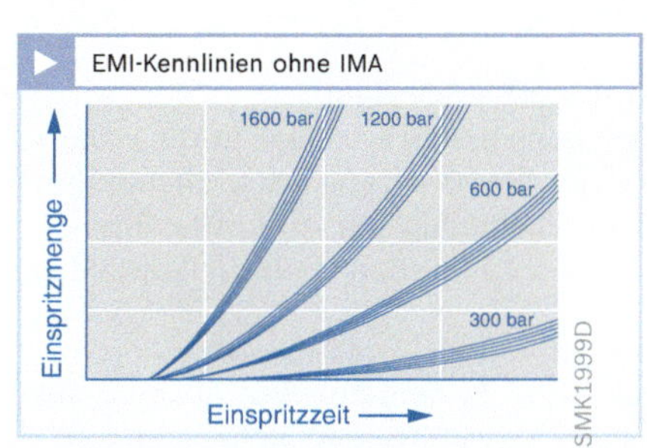

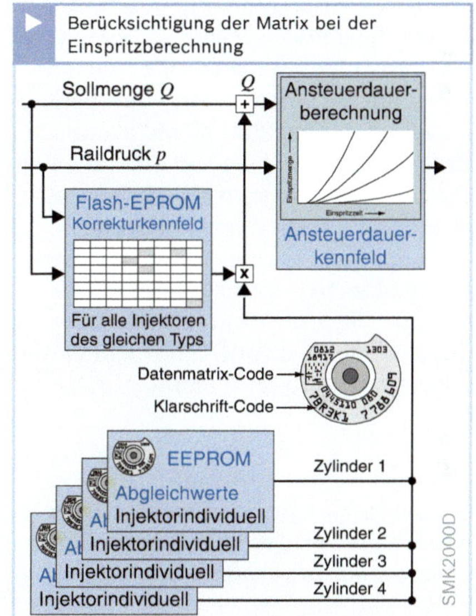

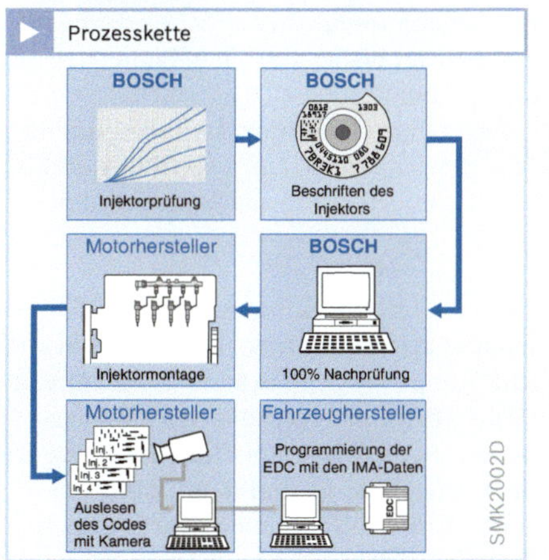

Bild 1

Kennlinien verschiedener Injektoren in Abhängigkeit des Raildrucks.
Der IMA reduziert die Streubreite der Kennlinien.
EMI Einspritzmengenindikator

Bild 2

Berechnung der Injektor-Ansteuerdauer aus Sollmenge, Raildruck und Korrekturwerten

Bild 3

Darstellung der Prozesskette vom Injektorabgleich bei Bosch bis zur Bandende-Programmierung beim Fahrzeughersteller

Common Rail System für Pkw

Kraftstoffversorgung

Bei Common Rail Systemen für Pkw kommen für die Förderung des Kraftstoffs zur Hochdruckpumpe Elektrokraftstoffpumpen oder Zahnradpumpen zur Anwendung.

Systeme mit Elektrokraftstoffpumpe

Die Elektrokraftstoffpumpe – als Bestandteil der Tankeinbaueinheit im Kraftstoffbehälter eingesetzt (Intank) oder in der Kraftstoffzuleitung verbaut (Inline) – saugt den Kraftstoff über ein Vorfilter an und fördert ihn mit einem Druck von 6 bar zur Hochdruckpumpe (Bild 3). Die maximale Förderleis-tung beträgt 190 l/h. Um einen schnellen Motorstart zu gewährleisten, schaltet die Pumpe schon bei Drehen des Zündschlüssels ein. Damit ist sichergestellt, dass bei Motorstart der nötige Druck im Niederdruckkreis vorhanden ist.

In der Zuleitung zur Hochdruckpumpe ist der Kraftstofffilter (Feinfilter) eingebaut.

Systeme mit Zahnradpumpe

Die Zahnradpumpe ist an die Hochdruckpumpe angeflanscht und wird von deren Antriebswelle mit angetrieben (Bilder 1 und 2). Somit fördert die Zahnradpumpe erst bei Starten des Motors. Die Förderleistung ist abhängig von der Motordrehzahl und beträgt bis zu 400 l/h bei einem Druck bis zu 7 bar.

Im Kraftstoffbehälter ist ein Kraftstoff-Vorfilter eingebaut. Der Feinfilter befindet sich in der Zuleitung zur Zahnradpumpe.

Kombinationssysteme

Es gibt auch Anwendungen, die beide Pumpenarten einsetzen. Die Elektrokraftstoffpumpe sorgt insbesondere bei einem Heißstart für ein verbessertes Startverhalten, da die Förderleistung der Zahnradpumpe bei heißem und damit dünnflüssigerem Kraftstoff und niedriger Pumpendrehzahl verringert ist.

Hochdruckregelung

Beim Common Rail System der ersten Generation erfolgt die Regelung des Raildrucks über das Druckregelventil. Die Hochdruckpumpe (Ausführung CP1) fördert unabhängig vom Kraftstoffbedarf die maximale Fördermenge, das Druckregelventil führt überschüssig geförderten Kraftstoff in den Kraftstoffbehälter zurück.

Das Common Rail System der zweiten Generation regelt den Raildruck niederdruckseitig über die Zumesseinheit (Bilder 1 und 2). Die Hochdruckpumpe (Ausführung CP3 und CP1H) muss nur die Kraftstoffmenge fördern, die der Motor tatsächlich benötigt. Der Energiebedarf der Hochdruckpumpe und damit der Kraftstoffverbrauch sind dadurch geringer.

Das Common Rail System der dritten Generation ist durch die Piezo-Inline-Injektoren gekennzeichnet (Bild 3).

Wenn der Druck nur auf der Niederdruckseite eingestellt werden kann, dauert bei schnellen negativen Lastwechseln der Druckabbau im Rail zu lange. Die Dynamik für die Druckanpassung an die veränderten Lastbedingungen ist zu träge. Dies ist insbesondere bei Piezo-Inline-Injektoren aufgrund der nur geringen inneren Leckagen der Fall. Einige Common Rail Systeme enthalten deshalb neben der Hochdruckpumpe mit Zumesseinheit zusätzlich ein Druckregelventil (Bild 3). Mit diesem Zweistellersystem werden die Vorteile der niederdruckseitigen Regelung mit dem günstigen dynamischen Verhalten der hochdruckseitigen Regelung kombiniert.

Ein weiterer Vorteil gegenüber der ausschließlich niederdruckseitigen Regelmöglichkeit ergibt sich dadurch, dass bei kaltem Motor eine hochdruckseitige Regelung vorgenommen werden kann. Die Hochdruckpumpe fördert somit mehr Kraftstoff als eingespritzt wird, die Druckregelung erfolgt über das Druckregelventil. Der Kraftstoff wird durch die Komprimierung erwärmt, wodurch auf eine zusätzliche Kraftstoffheizung verzichtet werden kann.

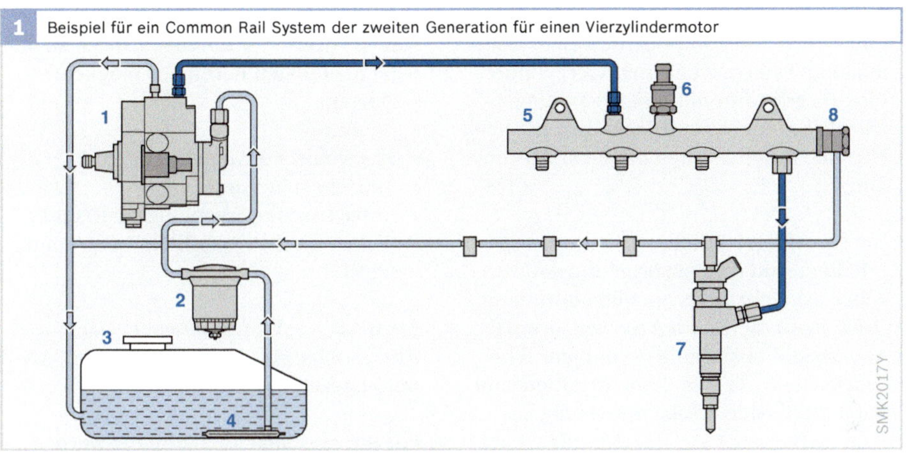

1 Beispiel für ein Common Rail System der zweiten Generation für einen Vierzylindermotor

Bild 1
1 Hochdruckpumpe CP3 mit angebauter Zahnrad-Vorförderpumpe und Zumesseinheit
2 Kraftstofffilter mit Wasserabscheider und Heizung (optional)
3 Kraftstoffbehälter
4 Vorfilter
5 Rail
6 Raildrucksensor
7 Magnetventil-Injektor
8 Druckbegrenzungsventil

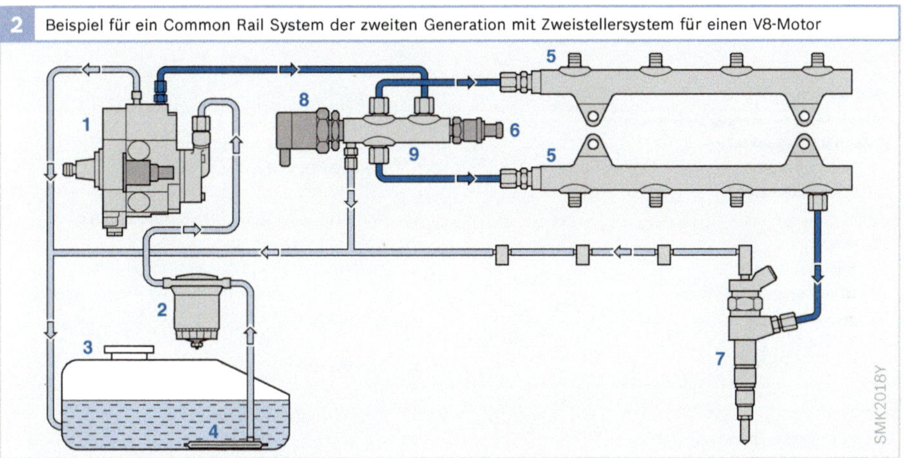

2 Beispiel für ein Common Rail System der zweiten Generation mit Zweistellersystem für einen V8-Motor

Bild 2
1 Hochdruckpumpe CP3 mit angebauter Zahnrad-Vorförderpumpe und Zumesseinheit
2 Kraftstofffilter mit Wasserabscheider und Heizung (optional)
3 Kraftstoffbehälter
4 Vorfilter
5 Rail
6 Raildrucksensor
7 Magnetventil-Injektor
8 Druckregelventil
9 Funktionsblock (Verteiler)

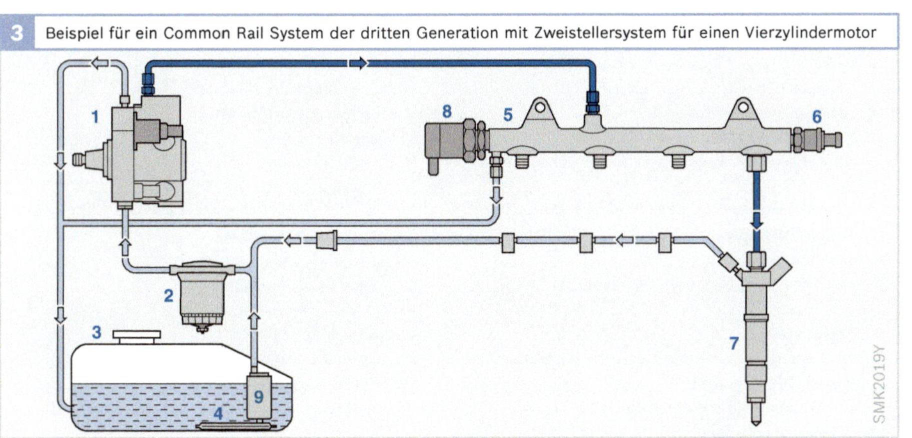

3 Beispiel für ein Common Rail System der dritten Generation mit Zweistellersystem für einen Vierzylindermotor

Bild 3
1 Hochdruckpumpe CP1H mit Zumesseinheit
2 Kraftstofffilter mit Wasserabscheider und Heizung (optional)
3 Kraftstoffbehälter
4 Vorfilter
5 Rail
6 Raildrucksensor
7 Piezo-Inline-Injektor
8 Druckregelventil
9 Elektrokraftstoffpumpe

Systembild Pkw

Bild 4 zeigt alle Komponenten eines Common Rail Systems für einen Vierzylinder-Pkw-Dieselmotor mit Vollausstattung. Je nach Fahrzeugtyp und Einsatzart kommen einzelne Komponenten nicht zur Anwendung.

Um eine übersichtlichere Darstellung zu erhalten, sind die Sensoren und Sollwertgeber (A) nicht an ihrem Einbauort dargestellt. Ausnahme bilden die Sensoren der Abgasnachbehandlung (F) und der Raildrucksensor, da ihre Einbauposition zum Verständnis der Anlage notwendig ist.

Über den CAN-Bus im Bereich „Schnittstellen" (B) ist der Datenaustausch zu den verschiedensten Bereichen möglich:

▶ Starter,
▶ Generator,
▶ elektronische Wegfahrsperre,
▶ Getriebesteuerung,
▶ Antriebsschlupfregelung (ASR) und
▶ Elektronisches Stabilitäts-Programm (ESP).

Auch das Kombiinstrument (13) und die Klimaanlage (14) können über den CAN-Bus angeschlossen sein.

Für die Abgasnachbehandlung werden zwei mögliche Kombinationssysteme aufgeführt (a oder b).

Bild 4

Motor, Motorsteuerung und Hochdruck-Einspritzkomponenten

17 Hochdruckpumpe
18 Zumesseinheit
25 Motorsteuergerät
26 Rail
27 Raildrucksensor
28 Druckregelventil (DRV-2)
29 Injektor
30 Glühstiftkerze
31 Dieselmotor (DI)
M Drehmoment

A Sensoren und Sollwertgeber
1 Fahrpedalsensor
2 Kupplungsschalter
3 Bremskontakte (2)
4 Bedienteil für Fahrgeschwindigkeitsregler
5 Glüh-Start-Schalter („Zündschloss")
6 Fahrgeschwindigkeitssensor
7 Kurbelwellendrehzahlsensor (induktiv)
8 Nockenwellendrehzahlsensor (Induktiv- oder Hall-Sensor)
9 Motortemperatursensor (im Kühlmittelkreislauf)
10 Ansauglufttemperatursensor
11 Ladedrucksensor
12 Heißfilm-Luftmassenmesser (Ansaugluft)

B Schnittstellen
13 Kombiinstrument mit Signalausgabe für Kraftstoffverbrauch, Drehzahl usw.
14 Klimakompressor mit Bedienteil
15 Diagnoseschnittstelle

16 Glühzeitsteuergerät
CAN Controller Area Network
    (serieller Datenbus im Kraftfahrzeug)

C Kraftstoffversorgung (Niederdruckteil)
19 Kraftstofffilter mit Überströmventil
20 Kraftstoffbehälter mit Vorfilter und Elektrokraftstoffpumpe, EKP (Vorförderpumpe)
21 Füllstandsensor

D Additivsystem
22 Additivdosiereinheit
23 Additiv-Control-Steuergerät
24 Additivtank

E Luftversorgung
32 Abgasrückführkühler
33 Ladedrucksteller
34 Abgasturbolader (hier mit variabler Turbinengeometrie, VTG)
35 Regelklappe
36 Abgasrückführsteller
37 Unterdruckpumpe

F Abgasnachbehandlung
38 Breitband-Lambda-Sonde LSU
39 Abgastemperatursensor
40 Oxidationskatalysator
41 Partikelfilter
42 Differenzdrucksensor
43 NO_x-Speicherkatalysator
44 Breitband-Lambda-Sonde, optional NOX-Sensor

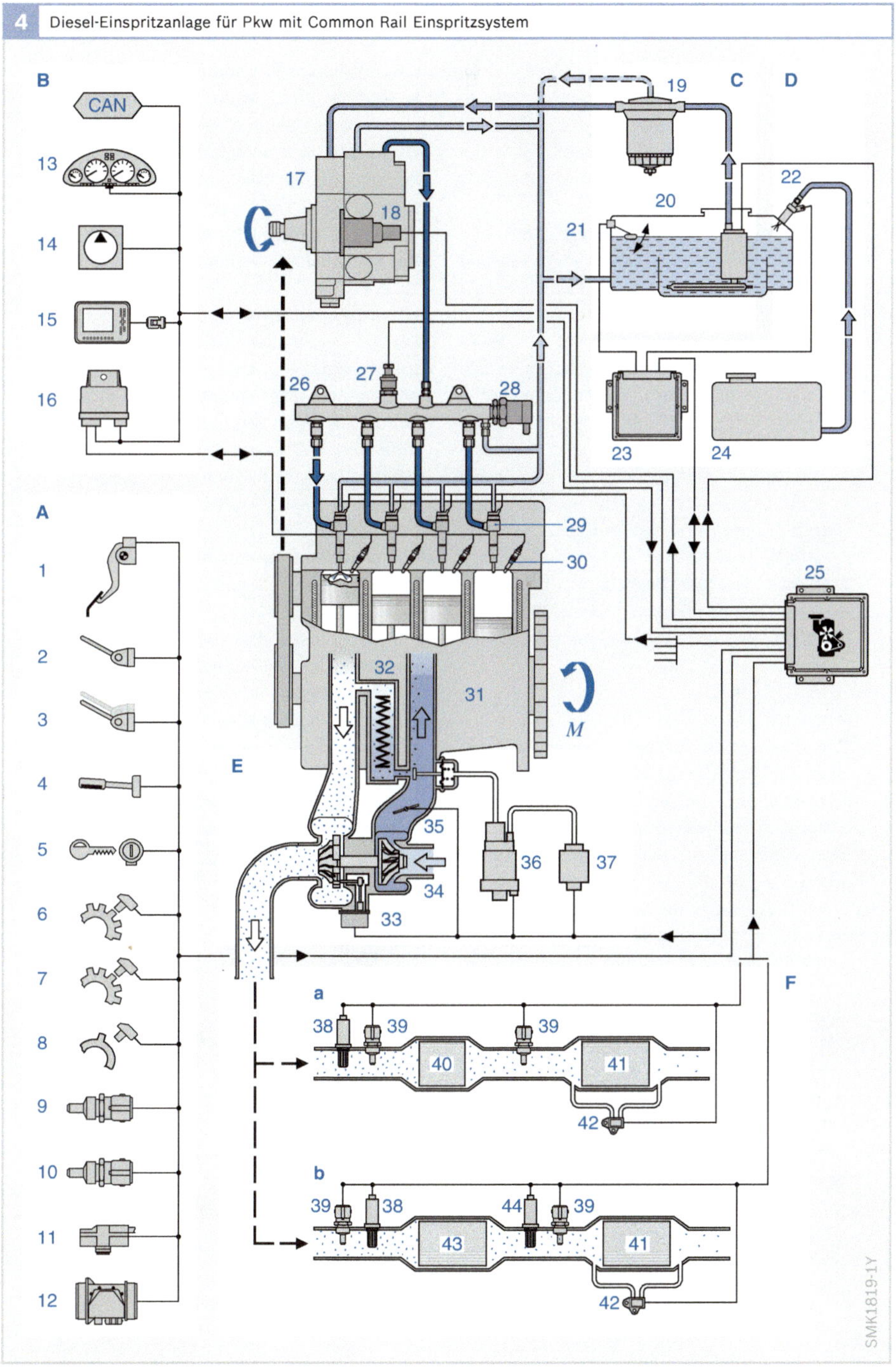

4 Diesel-Einspritzanlage für Pkw mit Common Rail Einspritzsystem
B
CAN
13
14
15
16
A
1
2
3
4
5
6
7
8
9
10
11
12
17
18
26
27
28
19
C
D
20
21
22
23
24
25
29
30
32
31
M
E
35
34
33
36
37
F
a
38
39
39
40
41
42
b
39
38
44
39
43
41
42
SMK1819-1Y

Einsatz des Dieselmotors

Zu Beginn der Automobilgeschichte war der Ottomotor das Antriebsaggregat für Straßenfahrzeuge. Im Jahr 1927 wurden schließlich die ersten Nkw, 1936 dann auch Pkw mit Dieselmotoren ausgeliefert.

Im Nkw-Bereich konnte sich der Dieselmotor aufgrund seiner Wirtschaftlichkeit und Langlebigkeit durchsetzen. Im Pkw-Bereich hingegen führte der Dieselmotor lange Zeit noch ein Schattendasein. Erst mit den direkt einspritzenden modernen Dieselmotoren mit Aufladung – das Prinzip der Direkteinspritzung wurde schon bei den ersten Nkw-Dieselmotoren angewandt – hat sich das Erscheinungsbild des Diesels gewandelt. Mittlerweile liegt der Diesel-Anteil an neu zugelassenen Pkw in Europa bei annähernd 50 %.

Merkmale des Dieselmotors

Was zeichnet den Dieselmotor der Gegenwart aus, dass er in Europa einen derartigen Boom erlebt?

Wirtschaftlichkeit
Zum einen ist der Kraftstoffverbrauch gegenüber vergleichbaren Ottomotoren immer noch geringer – das ergibt sich aus dem höheren Wirkungsgrad des Dieselmotors. Zum anderen werden Dieselkraftstoffe in vielen europäischen Ländern geringer besteuert. Für Vielfahrer ist der Diesel somit trotz des höheren Anschaffungspreises die wirtschaftlichere Alternative.

Fahrspaß
Nahezu alle aktuellen Dieselmodelle arbeiten mit Aufladung. Dadurch kann schon im niedrigen Drehzahlbereich eine hohe Zylinderfüllung erreicht werden. Entsprechend hoch kann auch die zugemessene Kraftstoffmenge sein, wodurch der Motor ein hohes Drehmoment erzeugt. Daraus ergibt sich ein Drehmomentverlauf, der das Fahren mit hohem Drehmoment schon bei niedrigen Drehzahlen ermöglicht.

Das Drehmoment – und nicht etwa die Motorleistung – ist entscheidend für die Durchzugskraft des Motors. Im Vergleich zu einem Ottomotor ohne Aufladung kann auch mit einem leistungsschwächeren Dieselmotor mehr „Fahrspaß" erreicht werden. Das Image des „lahmen Stinkers" trifft auf Dieselfahrzeuge der neuen Generationen nicht mehr zu.

Umweltverträglichkeit
Die Rauchschwaden, die Dieselfahrzeuge früher im höheren Lastbetrieb produzierten, gehören der Vergangenheit an. Möglich wurde das durch verbesserte Einspritzsysteme und die Elektronische Dieselregelung (EDC). Die Kraftstoffmenge kann mit diesen Systemen exakt dosiert und an den Motorbetriebspunkt und die Umgebungsbedingungen angepasst werden. Mit dieser Technik werden die aktuell gültigen Abgasnormen erfüllt.

Oxidationskatalysatoren, die Kohlenmonoxid (CO) und Kohlenwasserstoffe (HC) aus dem Abgas entfernen, sind beim Dieselmotor Standard. Mit weiteren Systemen zur Abgasnachbehandlung, wie z. B. Partikelfilter und NO_X-Speicherkatalysatoren, werden auch zukünftige verschärfte Abgasnormen erfüllt – auch die Normen der US-Gesetzgebung.

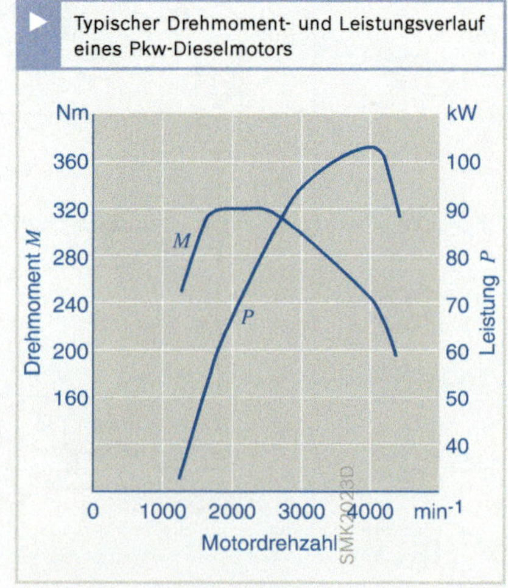

Common Rail System für Nkw

Kraftstoffversorgung

Vorförderung

Common Rail Systeme für leichte Nutzfahrzeuge unterscheiden sich nur wenig von den Pkw-Systemen. Zur Vorförderung des Kraftstoffs werden Elektrokraftstoff- oder Zahnradpumpen eingesetzt. Bei Common Rail Systemen für schwere Nkw kommen für die Förderung des Kraftstoffs zur Hochdruckpumpe ausschließlich Zahnradpumpen (s. Kapitel „Kraftstoffversorgung Niederdruckteil", Abschnitt

„Zahnradkraftstoffpumpe") zur Anwendung. Die Vorförderpumpe ist in der Regel an der Hochdruckpumpe angeflanscht (Bilder 1 und 2), bei verschiedenen Anwendungen ist sie am Motor befestigt.

Kraftstofffilterung

Im Gegensatz zu Pkw-Systemen ist hier der Kraftstofffilter (Feinfilter) druckseitig eingebaut. Die Hochdruckpumpe benötigt daher auch bei angeflanschter Zahnradpumpe einen außen liegenden Kraftstoffzulauf.

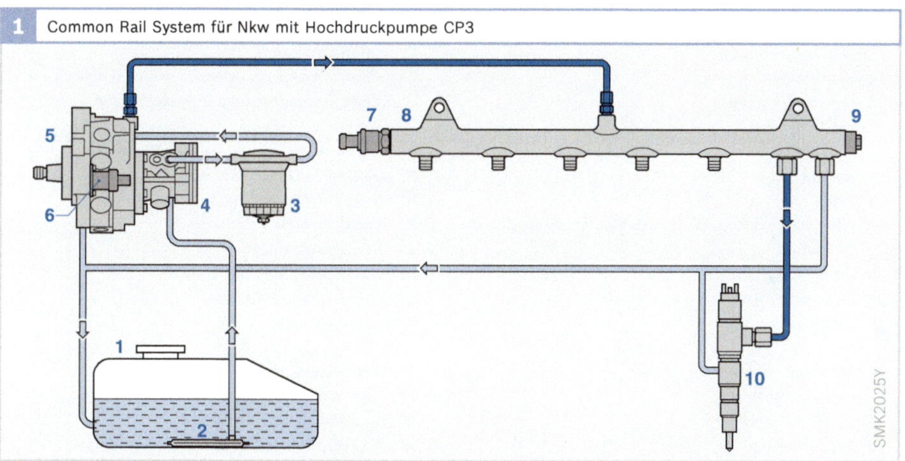

1 Common Rail System für Nkw mit Hochdruckpumpe CP3

Bild 1

1 Kraftstoffbehälter
2 Vorfilter
3 Kraftstofffilter
4 Zahnrad-Vorförderpumpe
5 Hochdruckpumpe CP3.4
6 Zumesseinheit
7 Raildrucksensor
8 Rail
9 Druckbegrenzungsventil
10 Injektor

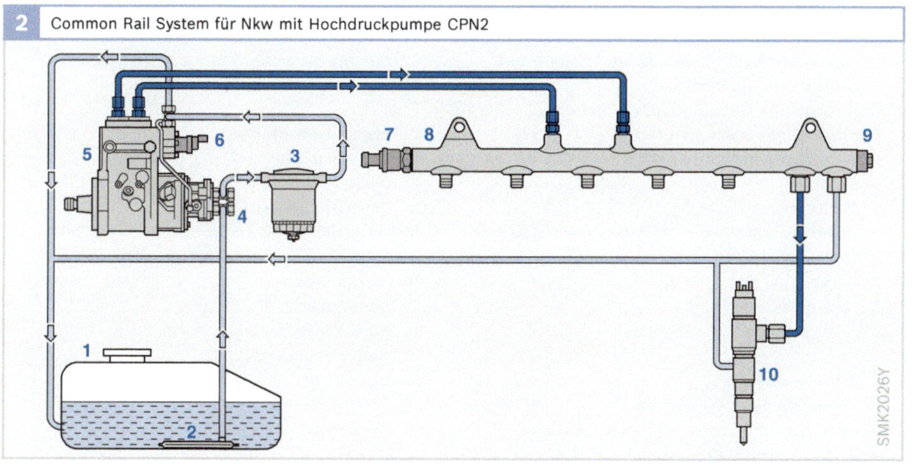

2 Common Rail System für Nkw mit Hochdruckpumpe CPN2

Bild 2

1 Kraftstoffbehälter
2 Vorfilter
3 Kraftstofffilter
4 Zahnrad-Vorförderpumpe
5 Hochdruckpumpe CPN2.2
6 Zumesseinheit
7 Raildrucksensor
8 Rail
9 Druckbegrenzungsventil
10 Injektor

Systembild Nkw

Bild 3 zeigt alle Komponenten eines Common Rail Systems für einen Sechszylinder-Nkw-Dieselmotor. Je nach Fahrzeugtyp und Einsatzart kommen einzelne Komponenten nicht zur Anwendung.

Um eine übersichtlichere Darstellung zu erhalten, sind nur die Sensoren und Sollwertgeber an ihrem Einbauort dargestellt, deren Einbauposition zum Verständnis der Anlage notwendig ist.

Über den CAN-Bus im Bereich „Schnittstellen" (B) ist der Datenaustausch zu den verschiedensten Bereichen möglich (z. B.

Getriebesteuerung, Antriebsschlupfregelung ASR, Elektronisches Stabilitäts-Programm ESP, Ölgütesensor, Fahrtschreiber, Abstandsradar ACC, Bremskoordinator – bis zu 30 Steuergeräte). Auch der Generator (18) und die Klimaanlage (17) können über den CAN-Bus angeschlossen sein.

Für die Abgasnachbehandlung werden drei mögliche Systeme aufgeführt: ein reines DPF-System (a) vorwiegend für den US-Markt, ein reines SCR-System (b) vorwiegend für den EU-Markt sowie ein Kombinationssystem (c).

Bild 3

Motor, Motorsteuerung und Hochdruck-Einspritzkomponenten

22 Hochdruckpumpe
29 Motorsteuergerät
30 Rail
31 Raildrucksensor
32 Injektor
33 Relais
34 Zusatzaggregate (z.-B. Retarder, Auspuffklappe für Motorbremse, Starter, Lüfter)
35 Dieselmotor (DI)
36 Flammkerze (alternativ Grid-Heater)
M Drehmoment

A Sensoren und Sollwertgeber

1 Fahrpedalsensor
2 Kupplungsschalter
3 Bremskontakte (2)
4 Motorbremskontakt
5 Feststellbremskontakt
6 Bedienschalter (z. B. Fahrgeschwindigkeitsregler, Zwischendrehzahlregelung, Drehzahl- und Drehmomentreduktion)
7 Schlüssel-Start-Stopp („Zündschloss")
8 Turboladerdrehzahlsensor
9 Kurbelwellendrehzahlsensor (induktiv)
10 Nockenwellendrehzahlsensor
11 Kraftstofftemperatursensor
12 Motortemperatursensor (im Kühlmittelkreislauf)
13 Ladelufttemperatursensor
14 Ladedrucksensor
15 Lüfterdrehzahlsensor
16 Luftfilter-Differenzdrucksensor

B Schnittstellen

17 Klimakompressor mit Bedienteil
18 Generator
19 Diagnoseschnittstelle

20 SCR-Steuergerät
21 Luftkompressor
CAN Controller Area Network (serieller Datenbus im Kraftfahrzeug) (bis zu 3 Busse)

C Kraftstoffversorgung (Niederdruckteil)

23 Kraftstoffvorförderpumpe
24 Kraftstofffilter mit Wasserstands- und Drucksensoren
25 Steuergerätekühler
26 Kraftstoffbehälter mit Vorfilter
27 Druckbegrenzungsventil
28 Füllstandsensor

D Luftversorgung

37 Abgasrückführkühler
38 Regelklappe
39 Abgasrückführsteller mit Abgasrückführventil und Positionssensor
40 Ladeluftkühler mit Bypass für Kaltstart
41 Abgasturbolader (hier mit variabler Turbinengeometrie VTG) mit Positionssensor
42 Ladedrucksteller

E Abgasnachbehandlung

43 Abgastemperatursensor
44 Oxidationskatalysator
45 Differenzdrucksensor
46 katalytisch beschichteter Partikelfilter (CSF)
47 Rußsensor
48 Füllstandsensor
49 Reduktionsmitteltank
50 Reduktionsmittelförderpumpe
51 Reduktionsmitteldüse
52 NO_X-Sensor
53 SCR-Katalysator
54 NH_3-Sensor

Diesel-Einspritzanlage für Nkw mit Common Rail System

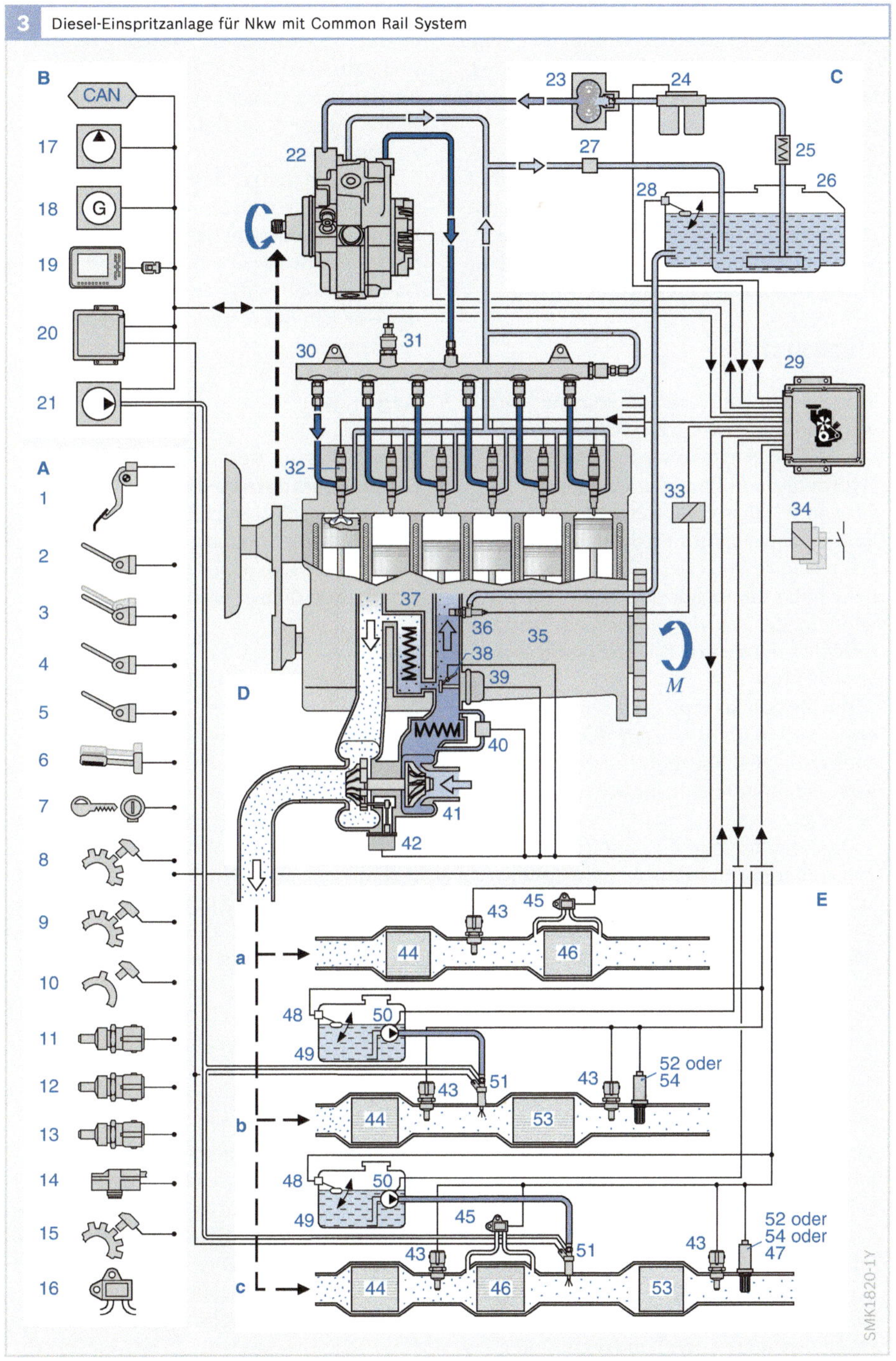

Startanlagen

Verbrennungsmotoren müssen von einem Starter mit einer Mindestdrehzahl angetrieben werden, bevor sie im Selbstlauf ausreichend Energie liefern können, um aus den Verbrennungszyklen den Momentenbedarf für die Kompressions- und Gaswechselzyklen zu decken. Dabei sind die Lagerstellen im Motor zunächst ungenügend geschmiert, sodass hohe Reibungswiderstände beim Drehen des Motors überwunden werden müssen.

Übersicht

Zum Starten von Verbrennungsmotoren werden Elektromotoren (Gleich-, Wechsel- und Drehstrommotoren), aber auch Hydraulik- und Pneumatikmotoren verwendet. Der elektrische Gleichstrom-Reihenschlussmotor ist besonders als Startermotor geeignet, da er das erforderliche hohe Anfangsdrehmoment zur Überwindung der Andrehwiderstände und zur Beschleunigung der Triebwerksmassen entwickelt.

Die für den Startvorgang benötigte Energie wird in der Regel aus der Batterie bezogen, die auch die anderen elektrischen Komponenten im Bordnetz des Fahrzeugs versorgt.

Das Drehmoment des Starters wird meist über ein Ritzel und einen Zahnkranz auf den Motor übertragen, zum Teil aber auch über Keilriemen, Zahnriemen, Ketten oder direkt auf die Kurbelwelle.

Zum Starten des Motors greift das Ritzel des Starters (Bild 1, Pos. 7) in den Zahnkranz des Motors (12) ein. Der Zahnkranz mit typischerweise ca. 130 Zähnen (bei Pkw 103...144, bei Nkw 110...160) befindet sich bei Fahrzeugen mit Handschaltgetriebe am Schwungrad des Motors, bei Fahrzeugen mit Automatikgetriebe am Wandlergehäuse. Das Ritzel des Starters mit typischerweise 10 Zähnen (bei Pkw 8...10, bei Nkw 9...13) steht wenige Millimeter vor dem Zahnkranz in Ruhelage. Dreht der Fahrer den Zündschlüssel in Startposition, so wird zunächst eine mechanische Verbindung zwischen Starter und Zahnkranz hergestellt (Einspuren), um das Drehmoment des dann anlaufenden Starters auf den Motor übertragen zu können.

Aufgrund der großen Übersetzung zwischen Starterritzel und Zahnkranz kann der Starter auf hohe Drehzahlen bei niedrigem Drehmoment ausgelegt werden. Dadurch können die Abmessungen und das Gewicht des Starters klein gehalten werden.

Starter

Arbeitsphasen des Schub-Schraubtrieb-Starters

Der Schub-Schraubtrieb-Starter hat sich als weltweiter Standard für Pkw durchgesetzt. Der Einspurweg besteht aus dem Schub- und dem Schraubweg.

Einspuren

Das Zündschloss schließt in Startposition den Zündstartschalter (Bild 1a, Pos. 1), der das Einrückrelais (2) ansteuert. Das in der Relaisspule aufgebaute Magnetfeld zieht den Relaisanker an, der dabei das Ritzel (7) über den Einrückhebel (5) nach vorn gegen den Zahnkranz (12) schiebt (Schubweg). Über ein Steilgewinde (10) auf der Welle wird das Ritzel beim Vorspuren leicht entgegen der Antriebsrichtung des Starters gedreht und so der Einspurvorgang erleichtert.

Im Idealfall trifft ein Zahn des Ritzels unmittelbar in eine Zahnlücke des Zahnkranzes, wodurch die Kopplung zwischen Starter und Verbrennungsmotor hergestellt ist (Bild 1b). Während der Bewegung des Ritzels in den Zahnkranz schließt der Anker des Einrückrelais über die Kontaktbrücke den Hauptstromkreis des Startermotors. Dieser beginnt sich zu drehen und treibt über die Antriebswelle und das Ritzel den Zahnkranz des Motors an, der somit ebenfalls zu drehen beginnt (Bild 1d).

1 Arbeitsphasen des Schub-Schraubtrieb-Starters

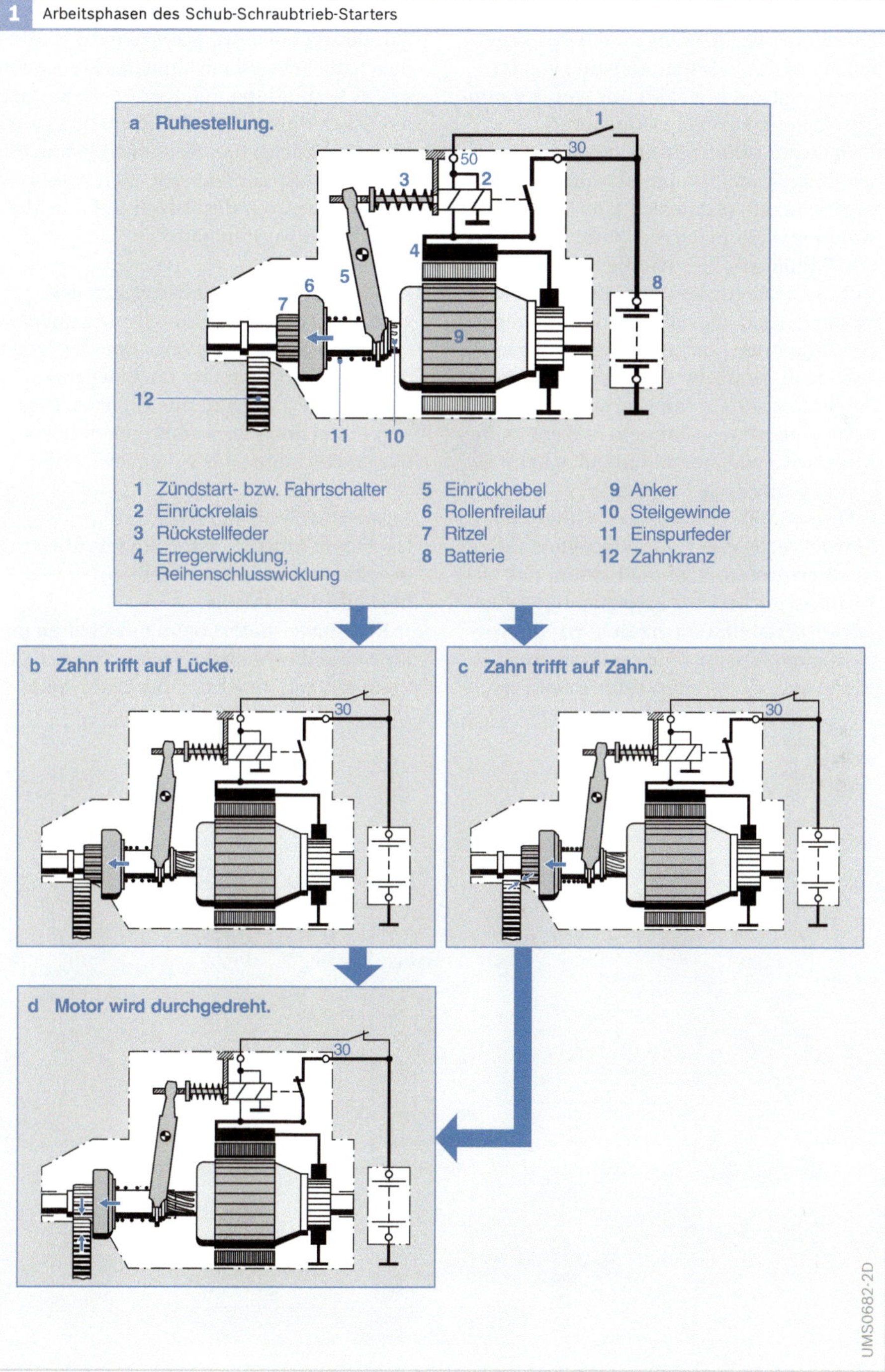

Dieses ideale Einspuren des Ritzels in den Zahnkranz ist allerdings nicht der Regelfall, denn das Zahnflankenspiel von typischerweise 0,4 mm lässt nur wenig Raum für ein kollisionsfreies Einspuren.

In vielen Fällen (ca. 50…80 % der Startvorgänge, je nach geometrischen Randbedingungen) ergibt sich eine Kollisionssituation, in der sich die Zähne von Ritzel und Zahnkranz gegenseitig blockieren (Bild 1c). Das Ritzel kann ohne Drehung nicht weiter nach vorn geschoben werden. Der Anker des Einrückrelais wird aber auch in diesem Fall weiter eingezogen und bewirkt nun über den Einrückhebel das Komprimieren der Einspurfeder (11). Das Ritzel wird so mit zunehmender Kraft gegen den Zahnkranz gedrückt.

Gegen Ende seines Wegs schließt das Einrückrelais den Hauptstromkontakt des Startermotors. Somit beginnt das Ritzel zu drehen, bis eine günstige Zahn-Lücke-Konstellation erreicht ist. Die vorgespannte Einspurfeder schiebt nun das Ritzel über das Steilgewinde nach vorn (Schraubweg), bis es vollständig in den Zahnkranz einspurt. Dabei wird das Ritzel durch die Schraubwirkung des Steilgewindes in Verbindung mit der Drehbewegung des Startermotors zusätzlich in den Zahnkranz gedrückt. Das Steilgewinde bewirkt, dass ein Drehmoment erst nach vollständigem Einspuren des Ritzels auf den Motor übertragen werden kann.

Bei Nutzfahrzeugen muss wegen der großen zu übertragenden Drehmomente eine Überlastung der Verzahnung vermieden werden. Geeignete Einspurprinzipien stellen eine ausreichende Überdeckung von Ritzel und Zahnkranz sicher, bevor der Startermotor mit voller Kraft anläuft.

Losbrechen und Durchdrehen

Nach dem Einspuren des Ritzels überträgt der Starter ein Drehmoment auf die Kurbelwelle des Motors.

Der Starter liefert beim Einschalten im Stillstand das höchste Drehmoment, das dann mit zunehmender Drehzahl stetig

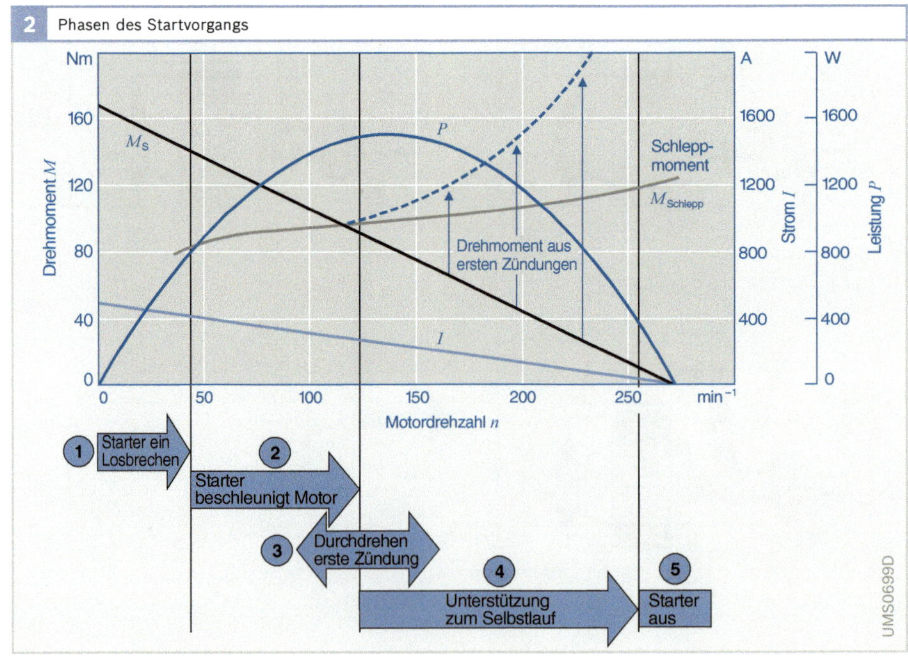

2 Phasen des Startvorgangs

Bild 2

M_S Starterdrehmoment

M_Schlepp Schleppmoment

P Leistung

I Strom

n Motordrehzahl

abnimmt. Der zu Beginn des Startvorgangs vorhandene Drehmomentüberschuss des Starters überwindet zunächst die Haftreibung in den Lagerstellen des Motors (Losbrechen) und beschleunigt die beweglichen Motormassen und Zusatzaggregate dann bis zur Durchdrehzahl. Diese ist durch den Schnittpunkt von Motor- und Starter-Drehmomentkurve charakterisiert (Bild 2), d. h. bei größeren Drehzahlen reicht das Starterdrehmoment nicht mehr aus, um den Motor weiterhin anzutreiben. Daher muss für einen erfolgreichen Start die Durchdrehzahl höher liegen als die Mindest-Startdrehzahl.

Starten und Überholen

Bei einem betriebswarmen Motor genügen normalerweise zwei Umdrehungen der Kurbelwelle bis zum Start. Bei Kälte kann ein etwas längeres Durchdrehen erforderlich sein (bis zu einer Minute ist keine Seltenheit). Zur Entlüftung eines Kraftstoffversorgungssystems kann ein Durchdrehen bis zum Start aber auch 20…30 s lang dauern.

Das Motormanagement erfasst über Sensoren die Stellung der Kurbelwelle schon bei den ersten beiden Umdrehungen (Initiierung des Einspritzsystems). Ihr Signal dient dazu, dass die Einspritzung gezielt auf den Zylinder mit der nächsten Verdichtung erfolgt. Dies führt zu einem schnellen und schadstoffarmen Start.

Mit der ersten Einspritzung bzw. Zündung beginnt der Verbrennungsmotor selbst Drehmoment zu erzeugen und damit die Drehzahl zu steigern, was jedoch nicht in allen Fällen zum Start genügt. Damit auch bei ungünstigen Bedingungen das beim Ottomotor zum Selbstlauf notwendige Luft-Kraftstoff-Gemisch gebildet wird bzw. beim Dieselmotor die Selbstzündungstemperatur erreicht wird, muss der Starter den Verbrennungsmotor beim Hochlaufen auf die Mindest-Selbstlaufdrehzahl ggf. weiter unterstützen. Bereits nach wenigen Zündungen beschleunigt er so stark, dass

der Startermotor nicht folgen kann und überholt wird. In dieser Phase muss der Freilauf eine Entkopplung des Ritzels von der Antriebswelle herbeiführen. Er schützt damit den Startermotor vor Überdrehzahl und verhindert übermäßigen Verschleiß.

Mit dem Loslassen des Zündschlüssels wird schließlich der Relaisstromkreis unterbrochen. Die Rückstellfeder drückt den Relaisanker zurück, wodurch zunächst der Hauptstromkontakt öffnet. Die Ausspurfeder sorgt für die weitere Rückbewegung des Ritzels, das dadurch wieder aus dem Zahnkranz ausrückt. Dabei wird das Ausspuren durch die Drehbewegung des Ritzels beim Zurückfahren über das Steilgewinde unterstützt. Der Startermotor läuft aus und die gesamte Mechanik kehrt in die Ruhelage zurück.

Abschaltfunktion

Die Kopplung von Relaisanker und Einrückhebel ist mit Spiel, auch Leerweg genannt, versehen. Kommt der Motor (z. B. wegen fehlenden Kraftstoffs) nicht zum Selbstlauf, so muss der Start abgebrochen werden. Ritzel und Zahnkranz stehen beim Abbruch unter voller Last und das Ritzel ist voll vorgespurt.

Beim Abschalten des Relaisstroms muss nun ein ausreichender Leerweg für den Relaisanker zur Verfügung stehen, der das Öffnen der Hauptstromkontakte ermöglicht. Wäre dies nicht der Fall, so würde der Einrückhebel den Relaisanker festhalten. Der Hauptstromkontakt bliebe geschlossen und ein Startabbruch wäre nicht möglich.

Bei Nkw-Startern stellt wegen der geometrischen Verhältnisse nicht der zuvor beschriebene Leerweg die Abschaltfunktion sicher, sondern eine Abschaltfeder (Bild 3). Die Kraft dieser Feder in Ritzelruhelage übertrifft die Rückstellfederkraft des Relaisankers und drückt den Relaisanker bis zum Anschlag am Hebel zurück. Bei eingezogenem Relaisanker muss wiederum die Ankerrückstellfederkraft groß genug sein, um die Abschaltfeder so weit zusammenzudrücken, dass die Kontaktbrücke von den Kontaktbolzen abhebt.

Einrückrelais

Relais dienen dazu, einen hohen Strom mit einem verhältnismäßig niedrigen Steuerstrom zu schalten. Der Starterstrom beträgt bei Pkw bis zu 1500 A, bei Nkw bis zu 2500 A. Da Kontakte für derart hohe Ströme stark belastet sind, ist die Verwendung eines Leistungsrelais zwingend. Das Relais wird durch einen relativ niedrigen Steuerstrom (Relaisstrom) von ca. 30 A für Pkw und bis ca. 80 A bei Nkw betätigt. Zum Einschalten genügt dann ein mechanischer Schalter (Zündschlossschalter, Startknopf) oder ein einfaches Kleinrelais, das vom Motorsteuergerät betätigt wird.

Das im Starter eingebaute Einrückrelais (Bild 4) ist eine Kombination von Einrückmagnet und Relais. Es erfüllt zwei Funktionen:
▶ Vorschieben des Ritzels zum Einspuren in den Zahnkranz des Motors,
▶ Schließen der Kontaktbrücke zum Einschalten des Starterhauptstroms.

Der mit dem Gehäuse fest verbundene Magnetkern (4) ragt von einer Seite her in das Innere der Magnetwicklung (2, 3) hinein, der bewegliche Relaisanker (1) von der anderen Seite her. Der Abstand zwischen Magnetkern und Relaisanker entspricht dem Gesamthub des Ankers. Magnetgehäuse, Magnetkern und Relaisanker bilden zusammen den magnetischen Kreis.

Unter dem Einfluss der beim Einschalten des Stroms entstehenden Magnetkraft wird der Magnetanker in die Wicklung hineingezogen. Diese Ankerbewegung bewirkt einerseits die axiale Verschiebung des Ritzels über den Einrückhebel, andererseits das Andrücken der Kontaktbrücke (8) an die Hauptstromkontakte (6).

Die Wicklung des Relais besteht bei den meisten Ausführungen aus einer Einzugs- und einer Haltewicklung (Bild 4, Pos. 2 und 3 sowie Bild 5, Pos. 4a und 4b). Diese Aufteilung ist in Bezug auf die thermische Belastbarkeit und die erzielbaren magnetischen Kräfte sehr günstig.

In der Ausgangsposition (Relais nicht bestromt) ist der Luftspalt zwischen Anker und Magnetkern relativ groß. Nur eine hohe magnetische Durchflutung kann die Einrückwiderstände überwinden.

Mit der Verkleinerung des Luftspalts beim Einzug des Magnetankers nimmt die Magnetkraft deutlich zu. Bei vollständig eingezogenem Anker bleibt quasi kein

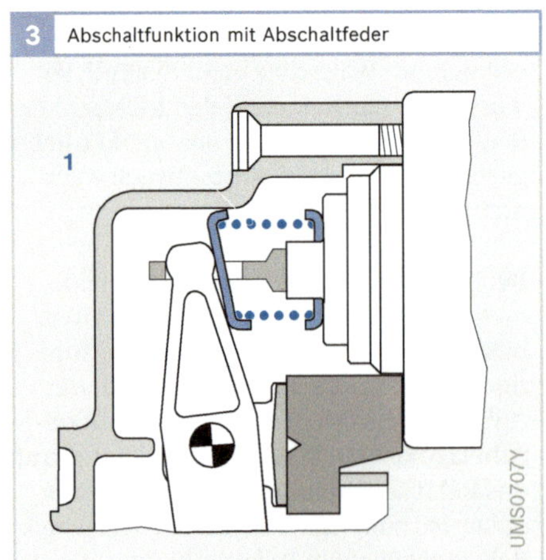
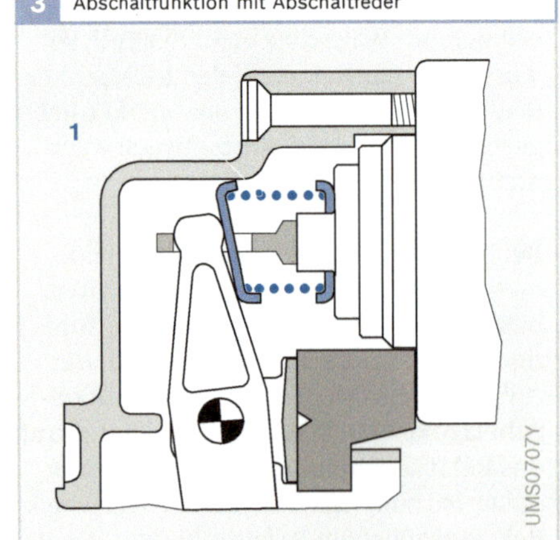

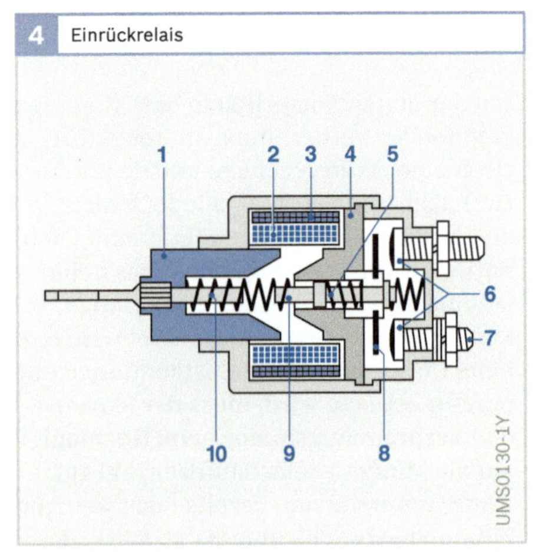

Restluftspalt und es genügt die Magnetkraft der Haltewicklung, um den Relaisanker bis zum Beenden des Startvorgangs festzuhalten. Die Einzugswicklung wird bei eingezogenem Anker über den Hauptstromkontakt und das Zündschloss kurzgeschlossen.

Dabei ist wichtig, dass Einzugs- und Haltewicklungen gleiche Windungszahlen aufweisen. Anderenfalls könnte es bei dem Abschaltvorgang zu einer Selbsthaltung des Relais kommen, indem eine Versorgung der beiden dann hintereinander geschalteten Wicklungen rückwärts über Klemme 45 erfolgen würde. Die gleichen Windungszahlen gewährleisten, dass die Magnetfelder der nun gegensinnig durchflossenen Spulen sich gegenseitig aufheben und das Relais sicher abschaltet.

Da der Starter beim Einschalten des Hauptstroms einen starken Spannungseinbruch im gesamten Bordnetz verursacht, muss die Haltewicklung so ausgelegt sein, dass der Anker auch bei einer Versorgungsspannung deutlich unterhalb der halben Batterie-Nennspannung noch sicher gehalten wird. Anderenfalls könnte es zu einem mehrfachen schnellen Öffnen und Schließen des Relais kommen, was eine Schädigung der Kontakte nach sich ziehen würde.

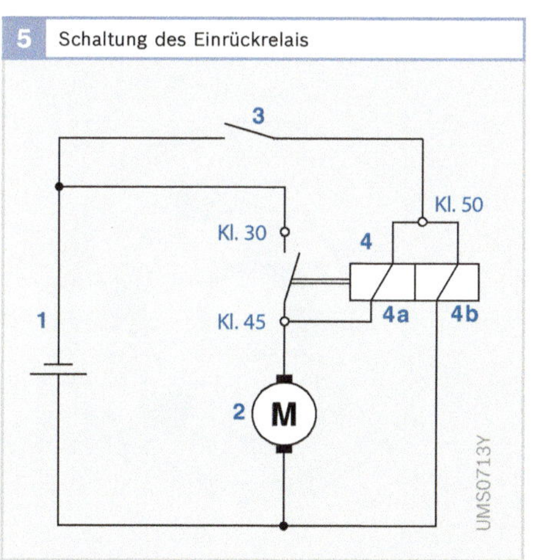

Rückstellfedern zwischen den einzelnen Bauelementen sorgen dafür, dass nach dem Ausschalten die Kontakte geöffnet werden und der Relaisanker wieder in seine Ausgangsposition zurückkehrt.

Am Relaisdeckel des Einrückrelais sind zweckmäßigerweise die elektrischen Anschlüsse des Starters (Kl. 50, Kl. 30 und Kl. 45) zu einer Baugruppe zusammengefasst. Der Relaisdeckel besteht üblicherweise aus einem Duroplastwerkstoff, der auch bei hohen thermischen Beanspruchungen (kurzzeitig bis zu 180 °C) die erforderliche mechanische Belastbarkeit sicherstellt und dadurch gewährleistet, dass das Einrückrelais mit all seinen Komponenten sicher zusammengehalten wird. Um auch bei hohen Temperaturen ein sicheres Einziehen und Schalten der Relais zu gewährleisten, gibt es besondere Wicklungsausführungen, die ebenfalls Temperaturen bis zu 180 °C standhalten.

Die Hauptstromkontakte sind bei Pkw-Startern üblicherweise aus Stahlbolzen mit einem eingenieteten Kupferkontakt gefertigt, der ein gutes Schaltverhalten und einen minimalen Kontaktwiderstand sichert. Relais für Nkw-Starter werden für eine besonders hohe Strombelastbarkeit einteilig aus einer hochfesten Kupferlegierung hergestellt. Um das Prellverhalten und damit den Kontaktverschleiß zu reduzieren, kommt bei Nkw-Startern vermehrt die konische Kontaktform zur Anwendung.

Die Ansteuerklemme 50 kann je nach Fahrzeugkabelbaum mit einem Schraubanschluss oder mit unterschiedlichen, z. T. abgedichteten Steckkontakten ausgeführt sein.

Beim Pkw-Einrückrelais verbindet normalerweise eine Rundsteckverbindung den Deckel mit der Relaiswicklung. Dies ermöglicht eine geschlossene Deckelkontur ohne Niet- oder Lötverbindungen und die damit erforderlichen Öffnungen. Außerdem ist hier der Deckel standardmäßig zum Relaisgehäuse hin abgedichtet.

Bild 5
1 Batterie
2 Starter
3 Zündschloss
4 Einrückrelais
4a Einzugswicklung
4b Haltewicklung

Für besondere Anforderungen an die Dichtheit kann der Relaisanker mit einer flexiblen Gummimembran (Gummibalg) versehen sein (Bild 6, Pos. 2), um das Eindringen von Feuchtigkeit aus dem Einspurtrieb des Starters zu verhindern. Diese Ausführung kommt hauptsächlich bei Anwendungen zum Einsatz, bei denen ein Wassereintritt in das Antriebslager nicht auszuschließen ist. Ein weiteres Einsatzgebiet sind außerdem Einbaulagen, bei denen das Einrückrelais nach unten weist und sich dadurch im Antriebslagerdom Feuchtigkeit ansammeln kann.

Bei einigen großen Nkw-Startern ist kein Einrückrelais eingebaut, sondern der Einrückmagnet für den Ritzelvorschub und das Steuerrelais für die elektrischen Schaltstufen sind voneinander getrennt.

Freilauf

Bei sämtlichen Starterausführungen überträgt ein Freilauf (Überholkupplung) das Drehmoment vom Startermotor auf das Ritzel. Der Freilauf hat die Aufgabe, das Ritzel bei antreibender Antriebswelle mitzunehmen und die Verbindung zwischen Ritzel und Antriebswelle bei schneller laufendem Ritzel zu lösen. Der Freilauf verhindert damit, dass der Anker des Startermotors beim Hochlauf des Motors auf eine unzulässig hohe Drehzahl beschleunigt wird.

Freiläufe für Starter sind kraftschlüssig (Rollen- und Lamellenfreilauf) oder formschlüssig (Stirnzahnfreilauf) ausgeführt.

Rollenfreilauf

Schub-Schraubtrieb-Starter verfügen üblicherweise über einen Rollenfreilauf (Bild 7). Der Mitnehmer mit Freilaufring (3) ist über ein Steilgewinde mit der Antriebswelle verbunden. Den Kraftschluss zwischen dem innen liegenden zylindrischen Schaft des Ritzels und dem außen umlaufenden Freilaufring des Mitnehmers stellen Zylinderrollen (5) her, die sich auf der Rollengleitkurve (4) bewegen können.

Im Ruhezustand drücken die Federn (7) die Rollen in den sich verengenden Teil zwischen der Gleitkurve des Freilaufrings und dem Ritzelschaft (6). Der sich an den Rollen bildende Klemmwinkel ist so klein gewählt, dass das Ritzel bei anlaufendem Startermotor sofort mitgedreht wird.

Tritt der Überholvorgang ein, so werden die Rollen durch die Reibung am Ritzelschaft gegen die Federkraft in den sich erweiternden Teil der Gleitkurve bewegt, wobei sich die Rollen aufgrund der Federkraft stets spielfrei an Ritzelschaft und Gleitkurve anlegen. Das entstehende

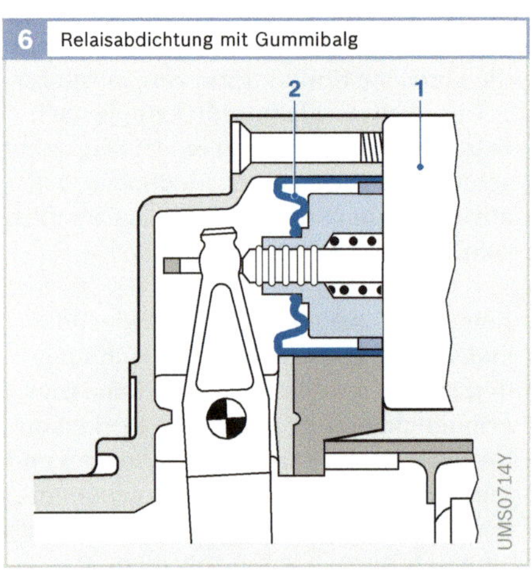

6 Relaisabdichtung mit Gummibalg

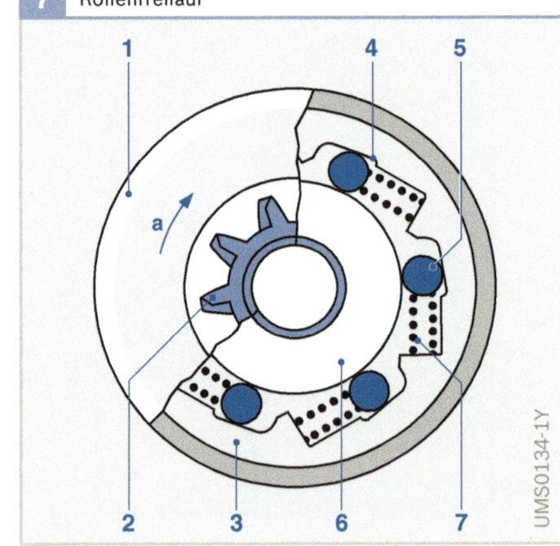

7 Rollenfreilauf

Überholdrehmoment ist relativ klein und hat keine große Auswirkung auf die sich einstellende Leerlaufdrehzahl des Startermotorankers.

Stirnzahnfreilauf

Der Stirnzahnfreilauf (Bild 8) ist in Verbindung mit dem mechanisch zweistufigen Einspurtrieb bei den Schubtrieb-Startern der Typen JE und KE eingebaut. Dieser Freilauf überträgt das Drehmoment formschlüssig über eine Stirnverzahnung.

Sobald der Überholvorgang einsetzt, treibt der Zahnkranz des Motors das Ritzel (1) an, das über eine Stirnverzahnung mit dem Kupplungsteil (4) gekuppelt ist. Bedingt durch die sägezahnförmige Stirnverzahnung wird das Kupplungsteil beim Überholen des Ritzels auf der Schrägverzahnung nach innen in Richtung Startermotor gedrückt. Die Trennung von Ritzel und Kupplungsteil wird durch drei Fliehgewichte (2) unterstützt, die über einen konischen Druckring (3) eine axiale Kraft auf das Kupplungsteil ausüben.

Lamellenfreilauf

Der Lamellenfreilauf findet bei größeren Schubtrieb-Startern (KB, QB, QF, TB, TF) Anwendung. Der Kraftschluss zwischen Anker und Starterritzel erfolgt über ein ringförmiges Lamellenpaket (Bild 9, Pos. 3). Die Lamellen stehen durch Mitnehmernocken wechselweise mit dem Mitnehmerflansch (1) und mit dem Kuppelteil (4) im Eingriff. Die einzelnen Lamellen sind in Achsrichtung verschiebbar angeordnet, können radial aber nicht gegen Mitnehmerflansch bzw. Kuppelteil verdreht werden. Der außenliegende Mitnehmerflansch ist fest mit der Ankerwelle verbunden. Das Kuppelteil hingegen sitzt schraubenförmig verdrehbar auf dem Steilgewinde (7) der Getriebespindel.

Kraftschluss

Voraussetzung dafür, dass der Lamellenfreilauf durch Reibung kraftschlüssig werden kann, ist eine gewisse Pressung zwischen den Lamellen (Bild 9a). In der Ruhestellung wird das Lamellenpaket (3) durch eine geringe Vorspannfederkraft einer Wellfeder (bei K-Startern; 8) bzw. von Bolzen und Federn (bei Q und T-Startern) so zusammengedrückt, dass die vorhandene Reibung die Mitnahme des Kuppelteils (4) sichert.

Hat das Ritzel nach dem Einspuren seine Endstellung erreicht, muss der volle Kraftschluss zum Starten wirksam werden. Das Kuppelteil rückt auf dem Steilgewinde der Getriebespindel (7) bei festgehaltenem Ritzel und umlaufender Ankerwelle nach

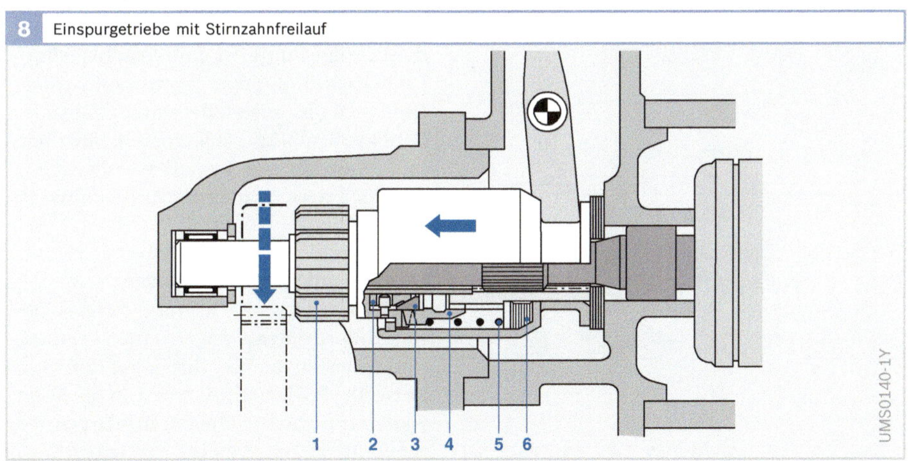

8   Einspurgetriebe mit Stirnzahnfreilauf

Bild 8
1   Ritzel mit Stirnverzahnung
2   Fliehgewichte
3   konischer Druckring
4   Kupplungsteil mit Stirnverzahnung
5   Feder
6   Gummipaket

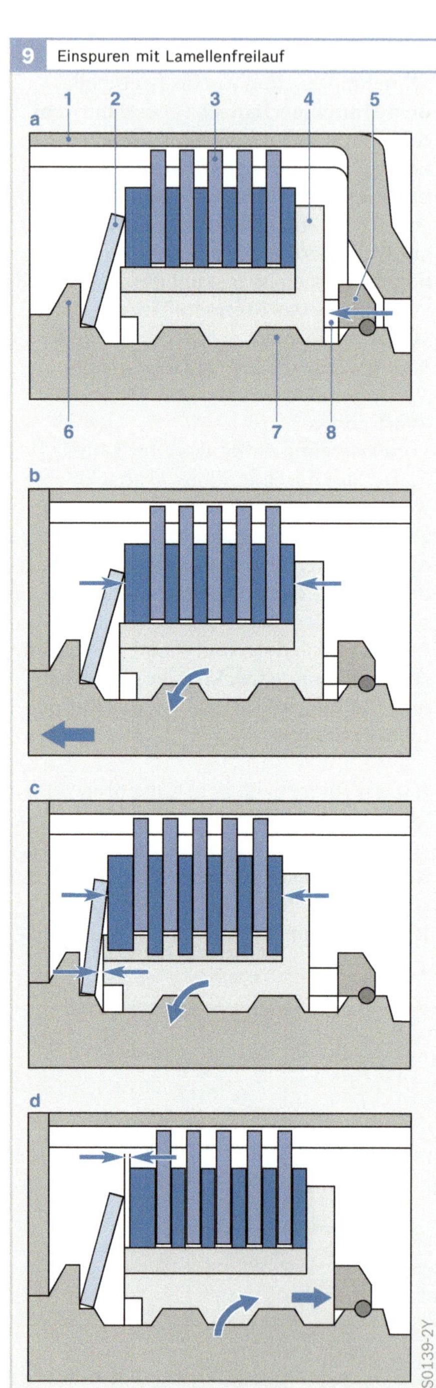

Bild 9

a Ruhestellung
b Kraftschluss
c Drehmomentbegrenzung
d Überholen

1 Mitnehmerflansch
2 Tellerfeder
3 Lamellenpaket
4 Kuppelteil
5 Anschlagring
6 Anschlagbund der
   Getriebespindel
7 Steilgewinde der
   Getriebespindel
8 Wellfeder (oder
   Federn und Bolzen)

außen gegen die Tellerfeder. Dadurch steigt die Pressung zwischen den Lamellen weiter an. Der Anstieg der Pressung hält an, bis die Reibung zwischen den Lamellen zur Übertragung des jeweils erforderlichen Startdrehmoments ausreicht. Der Kraftschluss läuft dabei auf folgende Weise ab: Anker – Mitnehmerflansch – Außenlamellen – Innenlamellen – Kuppelteil – Getriebespindel – Ritzel (Bild 9b).

Drehmomentbegrenzung
Die durch die Schraubwirkung des Kuppelteils zunehmende Lamellenpressung und damit das übertragene Drehmoment werden dadurch begrenzt, dass das Kuppelteil bei Erreichen der zulässigen Höchstbelastung innen an der Tellerfeder anläuft. Es drückt dabei mit seiner Stirnfläche die Tellerfeder gegen den Anschlagbund (6) der Getriebespindel (Bild 9c). Damit lässt sich die Lamellenpressung nicht mehr weiter erhöhen. Der Lamellenfreilauf wirkt in diesem Fall als Überlastkupplung, da die Lamellen bei der eingestellten Maximalkraft und dem daraus resultierenden Maximaldrehmoment durchrutschen.

Aufhebung des Kraftschlusses (Überholen)
Bei Beschleunigung des Motorschwungrades durch Zündimpulse oder beim Anspringen des Motors überholt das Ritzel den Startermotor. Dieser Kraftrichtungswechsel bewirkt, dass das Kuppelteil auf dem Steilgewinde bis zum Anschlagring (5) in Richtung Anker geschraubt wird (Bild 9d). Die Tellerfeder entspannt sich dabei vollständig; sie kann keinen Druck mehr ausüben. Die Lamellen lösen sich aus der Pressung und der Kraftschluss ist aufgehoben.

Direkt- und Vorgelegestarter
Beim Direktstarter wird das Starterritzel mit Ankerdrehzahl angetrieben. Freilauf und Ritzel sitzen hier direkt auf der Ankerwelle des Startermotors. Um die beim Kaltstart erforderlichen hohen Drehmomente abgeben zu können, muss der

Motorteil bei dieser Ausführung relativ groß und daher schwer ausgeführt sein. Für Pkw-Anwendungen ist diese Ausführung daher nur noch bei Leistungsgrößen < 1 kW gebräuchlich, bei Nkw-Anwendungen sind alle jüngeren Startertypen der RE/HE(F)-Baureihe Vorgelegestarter.

Beim Vorgelegestarter wird durch den Einsatz eines Planetengetriebes das gleiche Drehmoment mit einem kleineren und dafür schneller drehenden Elektromotor erzielt. Damit lässt sich je nach Ausführung eine Gewichtsersparnis von 30...40 % erreichen.

Planetengetriebe haben generell den Vorteil einer sehr kompakten Bauform bei großen Übersetzungsverhältnissen. Mit günstiger Zahneingriffsgeometrie lassen sich hohe Drehmomente mit geringer Geräuschentwicklung übertragen. Nach außen hin sind diese Getriebe frei von Querkraft, sodass die Lagerungen von Ankerwelle und Antriebswelle auch bei hohen Leistungen nur mit geringen Kräften belastet werden.

Das in Startern verwendete Planetengetriebe (Bild 10) besitzt ein fest stehendes Hohlrad (3). Der Antrieb erfolgt über das Sonnenrad (2), das mit der Ankerwelle des Elektromotors verbunden ist. Die Plane-

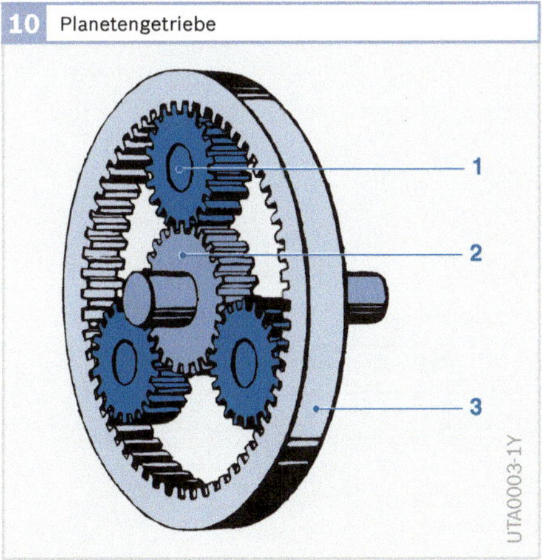

tenritzel (1) stehen sowohl mit dem Sonnenrad als auch mit dem Hohlrad in Eingriff. Bei ihrer Umlaufbewegung treiben die Planetenritzel über ihre Lagerzapfen die Antriebswelle an, auf der das Steilgewinde mit dem Freilauf angeordnet ist.

Das Übersetzungsverhältnis zwischen Anker- und Ritzeldrehzahl lässt sich entsprechend der Auslegung des Planetengetriebes in einem weiten Bereich von ca. 3:1 bis zu 6:1 variieren. Dies ermöglicht die optimale Anpassung des Starters an die Charakteristik von Motor und Fahrzeugbordnetz.

Niedrige Übersetzungsverhältnisse gestatten hohe Warmstartdrehzahlen, wogegen eine hohe Übersetzung auch extreme Kaltstartanforderungen und niedrigen Stromverbrauch des Starters beim Durchdrehen zulässt.

Der Vorgelegestarter bietet weitere Vorteile. So wirkt der schnell drehende Anker durch die hohe Übersetzung als Schwungmasse, die den Verbrennungsmotor mit drehzahl-glättender Wirkung über den oberen Totpunkt der Zylinder hinweg schleppt. Der Motor hat dadurch im Moment der Einspritzung bzw. Zündung eine höhere Momentan-Drehzahl, was den Einspritzverlauf und damit auch die Startwilligkeit und die Abgaswerte günstig beeinflusst.

Bei Verbrennungsmotoren mit niedriger Zylinderzahl bietet dieser Schwungradeffekt zudem den Vorteil, dass die hohen Spitzenmomente der einzelnen Zylinder mit verhältnismäßig geringer Startleistung sicher überwunden werden können.

Lagertyp

Die Lagerung des Ritzels kann auf zwei Arten erfolgen (Bild 11):
▶ Die meisten Starter haben ein Antriebslager, das im Bereich des Schwungrads des Motors ein „Maul" hat. Dieses Maul trägt die Lagernabe und hat im Bereich des Schwungrads eine Öffnung. Als Lagerelement dienen sowohl Gleit- als

auch Wälzlager (in manchen Fällen mit Dichtung). Das Einspurgetriebe (Ritzel und Freilauf) ist zum Zahnkranz hin offen.

▸ Für Anwendungen mit besonders hoher Beanspruchung des Einspurtriebes durch Staub, Wasser oder Kupplungsabrieb eignet sich vorzugsweise die freiausstoßende Bauform. Die ritzelseitigen Lagerstellen befinden sich komplett innerhalb des Antriebslagers. Wellendichtringe bieten einen so guten Schutz, dass sich diese Starter auch für ungünstigste Umgebungsverhältnisse eignen. Um die höheren Lagerlasten dieser Ausführung auch über die gesamte Lebensdauer verschleißfrei aufnehmen zu können, sind die ritzelseitigen Lagerstellen entsprechend verstärkt.

Frei ausstoßende Starter haben auch Einbauvorteile, weil sie keine dem Befestigungsflansch zugeordnete „Maulöffnung" haben. Dadurch bieten sich für die Einbauposition mehr Möglichkeiten, und der Platzbedarf im Schwungradgehäuse ist geringer.

Folgende Merkmale verhindern jedoch den generellen Einsatz dieser Bauform:
▸ Die im Antriebslager auftretende Stützkraft und der wirksame Reibradius

sind gegenüber dem Maulstarter etwa doppelt so hoch, was zusätzliche Reibungs- und damit Leistungsverluste verursacht (Abhilfe kann ggf. ein Wälzlager schaffen, das auch das Verschleiß- und Geräuschverhalten verbessert).
▸ Lagerung, Dichtung und das lange Starterritzel verursachen erhöhte Kosten.
▸ Die Baulänge des Starters ist konstruktionsbedingt vergrößert.
▸ Die Verzahnungsverhältnisse und damit das Geräuschverhalten sind tendenziell etwas ungünstiger.

Weitere Startertypen

Starter für Nkw mit elektrisch zweistufigem Einspursystem

Verschiedene Starter im höheren Leistungsbereich für Nkw (Typ HEF95-L, HEF109-M) sind mit einem elektrisch zweistufigen Einspursystem (Bild 12) ausgerüstet, das ein sicheres und den Zahnkranz schonendes Einspuren ermöglicht. Die erste Schaltstufe unterstützt mit einem sanft andrehenden Startermotor lediglich das Einspuren des Starterritzels, der Starter dreht den Verbrennungsmotor jedoch noch nicht durch. Erst in der zweiten Stufe wird der Hauptstromkreis geschlossen. Das zweistufige Einspuren wird durch ein Vorsteuerrelais und ein Einrückrelais

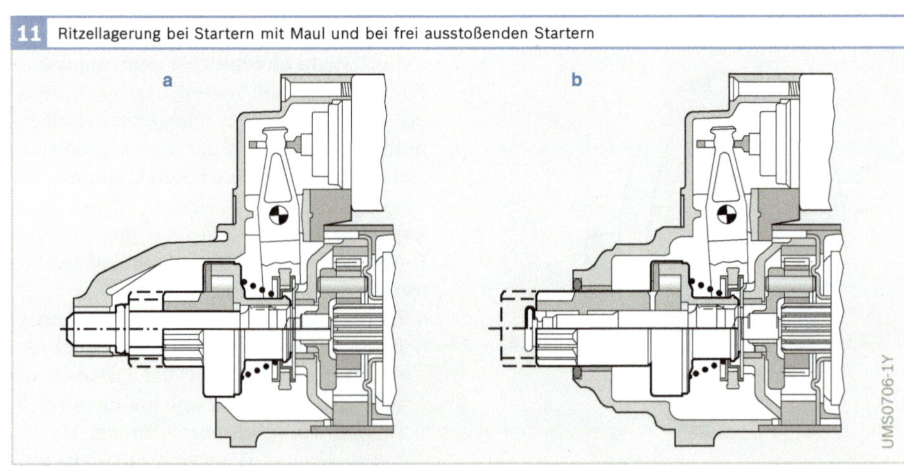

11 Ritzellagerung bei Startern mit Maul und bei frei ausstoßenden Startern

Bild 11
1 Starter mit Maul
2 freiausstoßender Starter

12 Elektrisch zweistufiges Einspursystem

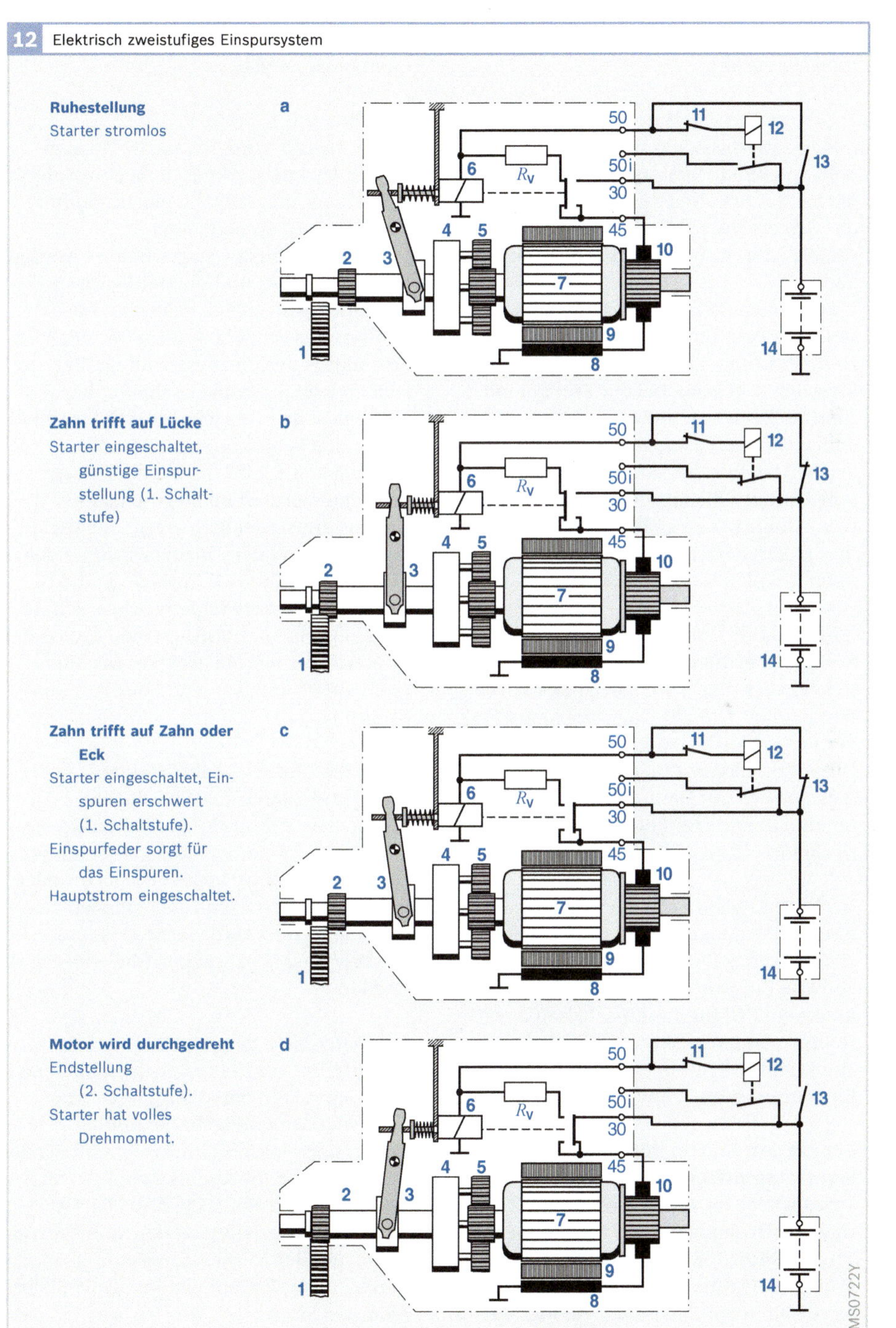

Bild 12

1 Zahnkranz
2 Ritzel
3 Einrückhebel
4 Rollenfreilauf
5 Planetengetriebe
6 Einrückrelais
7 Anker
8 Erregerwicklung
9 Polschuh
10 Kommutator
11 Thermoschalter
12 Vorsteuerrelais IMR
13 Startschalter
14 Batterie

R_V Vorwiderstand

UMS0722Y

realisiert. Die Einspurfeder ist im Einrück-relais integriert.

1. Schaltstufe (Vorstufe)
Das Spannungssignal vom Zündschloss oder von einem Steuergerät bewirkt zunächst das Schalten des Vorsteuerrelais, das den erforderlichen hohen Strom von ca. 180...200 A (bei 24 V-Startern) schalten kann.

Der Strom fließt durch einen Vorwiderstand bzw. durch eine Einzugs- und Haltewicklung. Zum einen wird dadurch über den Einrückhebel der Freilauf mit Ritzelwelle in Achsrichtung bewegt, zum anderen wird der Elektromotor sanft angedreht. Dadurch wird in der Regel ein vollständiges Einspuren des Ritzels in den Zahnkranz erreicht, bevor der Motor durch Schließen des Hauptstromkreises mit der vollen Stromstärke versorgt wird.

2. Schaltstufe (Hauptstufe)
Bei erfolgreichem Einspuren schaltet der Relaisanker den Strom durch den Vorwiderstand bzw. die Einzugswicklung kurz vor Erreichen des Endpunkts über seinen Öffnerkontakt ab. Einige Millisekunden danach wird der Hauptstrom eingeschaltet, und der Starter beginnt mit dem vollen Drehmoment zu drehen.

In einigen Fällen kann der Einspurvorgang wegen einer ungünstigen Lage von Ritzel zu Zahnkranz (Eck-auf-Eck) nicht erfolgen. Die Einspurfeder im Relaisanker sorgt in diesem Fall für das Einschalten des Hauptstroms vor dem vollständigen Einspuren des Ritzels in den Zahnkranz. Das Einspuren erfolgt dann einstufig.

Schubtrieb-Starter für Nkw mit elektromotorischer Ritzelverdrehung
Schubtrieb-Starter mit elektromotorischer Ritzelverdrehung (Typen KB, QB, QF, TB, TF; Bild 13) werden zum Starten von großen Verbrennungsmotoren verwendet. Sie arbeiten zur Schonung von Ritzel und

Zahnkranz mit einem elektrisch zweistufigen Einspursystem.

1. Schaltstufe (Vorstufe)
In der 1. Stufe wird das Starterritzel in axialer Richtung vorgeschoben und gleichzeitig langsam verdreht, um ein sanftes Einspuren zu ermöglichen.

Mit Betätigen des Startschalters werden das Steuerrelais und die Haltewicklung des Einrückmagneten bestromt. Das Steuerrelais schließt dann sofort den Stromkreis der Einzugswicklung. Der einrückende Magnetanker schiebt über Einrückachse und Getriebespindel das Ritzel gegen den Zahnkranz des Motors.

Gleichzeitig wird die mit dem Starteranker zunächst in Reihe geschaltete Nebenschlusswicklung erregt. Sie wirkt zusammen mit der Einzugswicklung des Einrückmagneten als Vorwiderstand für die Starter-Ankerwicklung. Diese Schaltung begrenzt den Ankerstrom, sodass der Starteranker nur ein geringes Drehmoment entwickeln kann und nur langsam dreht.

Bei einer Zahn-auf-Zahn-Stellung von Ritzel und Zahnkranz wird das Ritzel in die nächste Zahnlücke des Zahnkranzes gedreht. Bei einer Eck-auf-Eck-Stellung („Blindschaltung": Ritzel lässt sich weder in den Zahnkranz einschieben noch vor dem Zahnkranz verdrehen) muss der Startvorgang abgebrochen und wiederholt werden.

2. Schaltstufe (Hauptstufe)
Unmittelbar vor dem Ende des Ritzeleinspurweges hebt ein Auslösehebel eine Sperrklinke an und gibt die Kontaktbrücke des Steuerrelais frei. Eine gespannte Feder kann dadurch die Kontaktbrücke schlagartig gegen die Kontakte drücken. Der Startermotor erhält jetzt den vollen Strom und dreht den Verbrennungsmotor über den Lamellenfreilauf mit dem vollen Drehmoment durch.

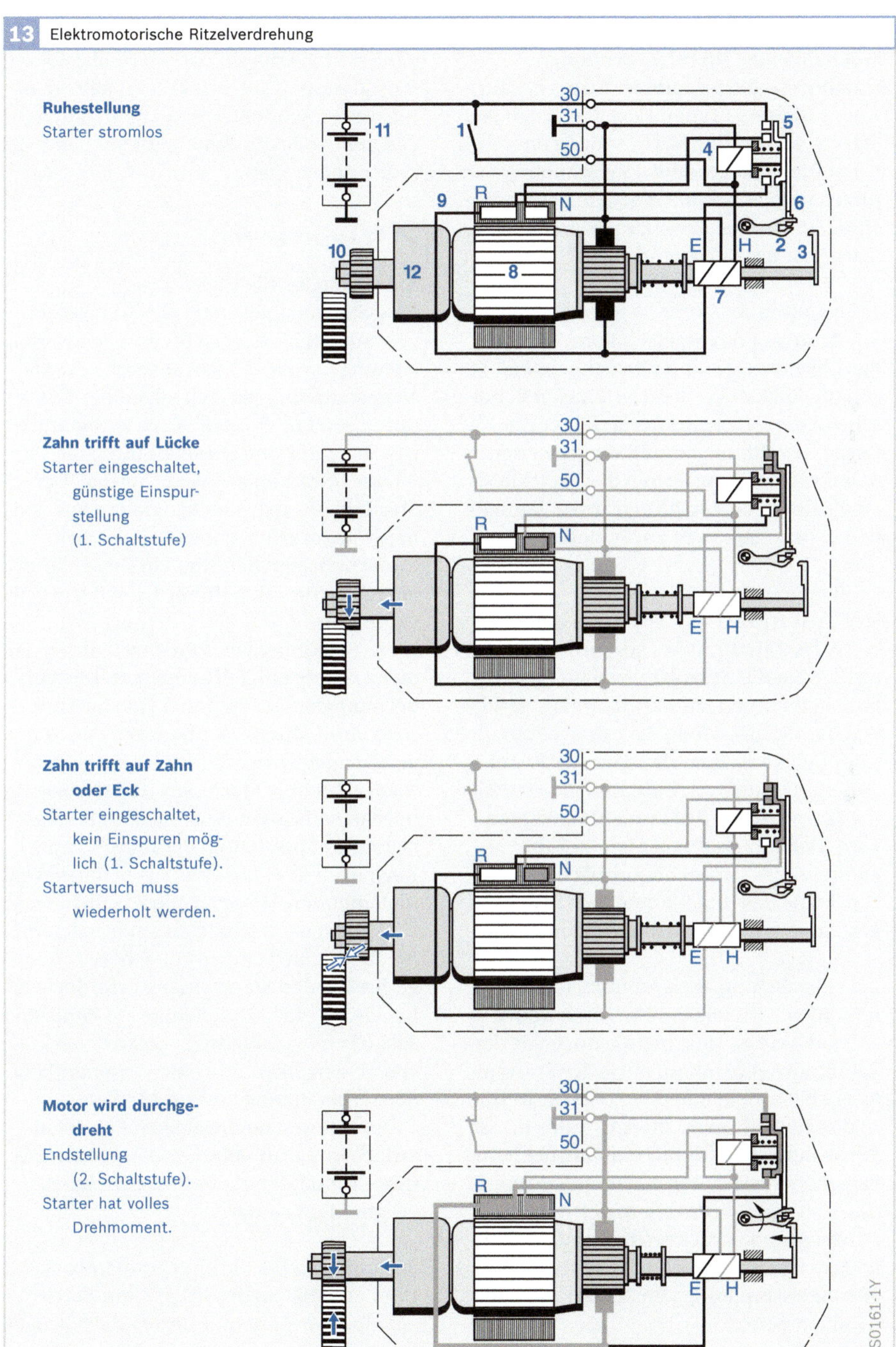

Bild 13
1 Zündstart- bzw.
  Fahrtschalter
2 Sperrklinke
3 Auslösehebel
4 Steuerrelais
5 Kontaktbrücke
6 Anschlag
7 Einrückmagnet
8 Anker
9 Erregerwicklung
10 Ritzel
11 Batterie
12 Lamellenfreilauf

E Einzugswicklung
H Haltewicklung
N Nebenschluss-
   wicklung
R Reihenschluss-
   wicklung

Schubtrieb-Starter für Nkw mit mechanischer Ritzelverdrehung

Schubtrieb-Starter mit mechanischer Ritzelverdrehung (Typen JE, KE) werden zum Starten von großen Verbrennungsmotoren verwendet. Sie arbeiten zur Schonung von Ritzel und Zahnkranz mechanisch zweistufig. Wichtiges Funktionselement dieser Starter ist der Stirnzahnfreilauf.

1. Einspurstufe

Mit Betätigen des Startschalters bewegt das Einrückrelais den Einrückhebel gegen die Rückstellfeder. Der Einrückhebel schiebt den Stirnzahnfreilauf über die Geradverzahnung geradlinig gegen den Zahnkranz. Gelangt dabei das Ritzel in eine Zahnlücke des Zahnkranzes, kann es den vollen Schubweg zurücklegen.

2. Einspurstufe

Stößt das Ritzel beim Vorschub auf einen Zahn des Zahnkranzes, so werden die weiteren Teile des Stirnzahnfreilaufs geradlinig in Richtung Zahnkranz weiter geschoben. Das Steilgewinde des stirnverzahnten Kupplungsteils bewirkt, dass das Ritzel in Arbeitsrichtung verdreht und gleichzeitig die Einspurfeder des Freilaufs gespannt wird. Der Ritzelzahn gleitet am Zahn des Zahnkranzes vorbei bis zur nächsten Lücke, in die das Ritzel unter dem Druck der gespannten Feder einspuren kann.

Bei einer Eck-auf-Eck-Stellung („Blindschaltung": Ritzelzahn lässt sich weder in den Zahnkranz einschieben noch vor dem Zahnkranz verdrehen) muss der Startvorgang abgebrochen und wiederholt werden. In diesem Fall verdreht sich, während der Stirnzahnfreilauf durch den Einrückhebel verschoben wird, der Starteranker über das Steilgewinde entgegen der Arbeitsrichtung (Ankerrückverdrehung). Beim nächsten Startversuch hat das Ritzel eine günstigere Stellung zum Zahnkranz und kann einspuren.

Stirnzahnfreilauf und Relais sind so aufeinander abgestimmt, dass der Relaiskontakt (Hauptstromkontakt) erst nach dem Einspuren schließt. Der Starter kann dann erst sein volles Drehmoment auf den Zahnkranz übertragen.

Startanlagen

Startanlagen für Pkw

Pkw-Startanlagen sind i. d. R. mit Schub-Schraubtrieb-Startern bis zu einer Nennleistung von ca. 2,5 kW ausgerüstet. Als Nennspannung hat sich allgemein 12 V durchgesetzt. Damit können Ottomotoren bis ca. 7 Liter und Dieselmotoren bis ca. 3 Liter Hubraum gestartet werden. Der Startleistungsbereich hängt vom Verbrennungsverfahren ab: Bei gleichem Motorhubraum benötigt ein Dieselmotor einen Starter mit höherer Leistung als ein Ottomotor.

Die Schaltung von Pkw-Startanlagen ist meist relativ einfach aufgebaut. Der Verbrennungsmotor befindet sich im Nahbereich des Fahrers, der dadurch den Startvorgang meist akustisch verfolgen kann. Nach erfolgtem Starten ist der Motorlauf hörbar, sodass ein nochmaliges, unbeabsichtigtes Einschalten des Starters und Einspuren des Starterritzels in den bereits umlaufenden Motorzahnkranz nicht wahrscheinlich ist. Deshalb sind normalerweise bei Pkw keine Schutz- und Überwachungsgeräte für den Startvorgang erforderlich. Bei vielen Pkw-Modellen ist ein Zündstartschalter mit zusätzlicher Startwiederholsperre eingebaut, um eine versehentliche Starterbetätigung auszuschließen.

Bei neueren hochwertigen Pkw ist inzwischen die automatische Ansteuerung (Ein-/Ausschalten) über eine Drehzahlerkennung Standard.

Startanlagen für Pkw mit Ottomotor

Über zumeist mehrstufige Zünd-Start-Schalter wird unter anderem die Startanlage angesteuert. Vor der Schaltstellung „Starten" wird schon die Zündanlage eingeschaltet, da ohne ihr Mitwirken das Starten und der Selbstlauf des Ottomotors nicht möglich sind. Der Zündvorgang setzt sich nach dem Abschalten des Starters fort und ermöglicht den Selbstlauf des Ottomotors.

Startanlagen für Pkw mit Dieselmotor
Bevor der Startvorgang beginnen kann, muss die Vorglühanlage eingeschaltet werden. Die Vorglühanlage besitzt einen kombinierten Fahrt-Glühstartschalter, der nach beendeter Glühzeit direkt zum Starten weitergeschaltet werden kann. Nach beendetem Startvorgang wird die Vorglühanlage des Dieselmotors gemeinsam mit dem Starter abgeschaltet.

Startanlagen für Nkw
Mittelschwere Nkw mit Dieselmotoren bis ca. 12 Liter Hubraum haben Startanlagen mit 12 V oder 24 V Nennspannung.

Bei schweren Nkw mit Dieselmotoren bis ca. 24 Liter Hubraum kommen nur noch 24-V-Startanlagen vor, die von zwei hintereinander geschalteten 12-V-Batterien gespeist werden.

Zum Teil werden auch gemischte 12/24-V-Anlagen mit 12 V Bordspannung und 24 V Starterspannung eingesetzt.

Startanlagen mit Startsperreinrichtung
Startanlagen, bei denen der Startvorgang akustisch nicht eindeutig wahrgenommen werden kann (z. B. bei Omnibussen mit Heckmotor), erfordern einen höheren Schaltungsaufwand, denn sie benötigen einen wirksamen Schutz für Starter und Zahnkranz des Motors.

Eine Startanlage mit elektronischem Starsperr-Relais (Bild 14) schützt die Startanlage in mehrfacher Hinsicht:
▶ Abschalten nach erfolgtem Start,
▶ Sperre bei bereits laufendem Motor,
▶ Sperre bei noch auslaufendem Motor,
▶ Sperre nach Fehlstart, wenn kein Motorselbstlauf zustande gekommen ist.

In den letzten beiden Fällen kann ein erneuter Startversuch erst nach einer im Relais festgelegten Sperrzeit unternommen werden. Diese Funktion wird heute immer öfter in das Motorsteuergerät integriert.

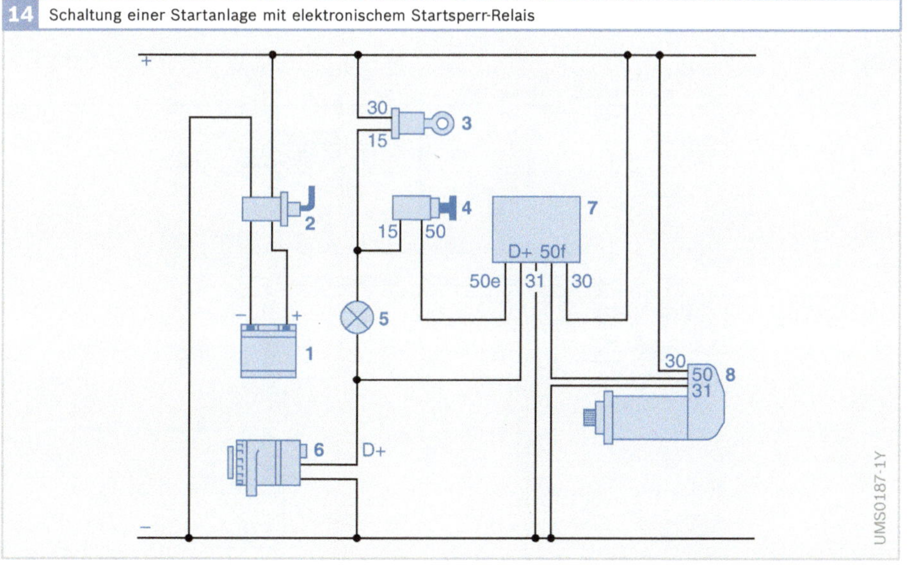

14 Schaltung einer Startanlage mit elektronischem Startsperr-Relais

Bild 14
1 Batterie
2 Batterieschalter
3 Fahrtschalter
4 Startschalter
5 Generatorkontroll-
　lampe
6 Generator
7 elektronisches
　Startsperrrelais
8 Starter

Startanlage mit Batterieumschaltung 12/24 V

Verschiedene Nkw besitzen eine gemischte 12/24-V-Anlage. In diesen Anlagen sind sämtliche elektrischen Komponenten – mit Ausnahme des Starters – und der Generator zur Spannungserzeugung für die Nennspannung von 12 V ausgelegt. Im Gegensatz dazu wird der Starter mit einer Nennspannung von 24 V betrieben. Damit wird die Leistungsabgabe zum Starten großer Motoren möglich.

Zu diesem Zweck sind 12/24-V-Anlagen mit einem Batterieumschaltrelais ausgestattet. Die beiden 12-V-Batterien des Bordnetzes sind im normalen Fahrbetrieb oder bei stillstehendem Motor zur Versorgung der Verbraucher parallel geschaltet und sorgen damit für eine Spannung von 12 V.

Nach Betätigen des Startschalters schaltet das Batterieumschaltrelais automatisch die beiden Batterien für den Startvorgang vorübergehend hintereinander, sodass an den Starterklemmen eine Spannung von 24 V anliegt. Alle anderen elektrischen Komponenten werden weiterhin mit 12 V versorgt.

Nach Loslassen des Startschalters wird der Starter ausgeschaltet und die Batterien werden wieder parallel geschaltet. Während der Verbrennungsmotor in Betrieb ist, lädt der 12-V-Generator (Anschluss B+) die Batterien auf.

Sonderstartanlagen für Nkw

Sonderstartanlagen werden z. B. in großen Nkw (große Reisebusse mit Heckmotor, Sonderfahrzeuge mit Unterflurmotor usw.), Dieseltriebwagen, Schiffen und stationären Aggregatmotoren eingesetzt. Die verschiedenen Betriebsbedingungen erfordern oft umfangreiche Startanlagen mit speziell abgestimmten und in unterschiedlicher Weise miteinander kombinierten Schutz- und Überwachungsrelais. Diese Relais steuern den Startvorgang und ermöglichen auch den gleichzeitigen Anlauf bei Parallelbetrieb von zwei Startern. Bei vielen größeren elektrischen Anlagen von Nkw ist ein Batterie-Hauptschalter vorgeschrieben, mit dessen Hilfe das Bordnetz bei Motorstillstand von der Batterie getrennt werden kann.

Aus der Vielzahl der Sonderstartanlagen für verschiedene Anwendungen werden im Folgenden zwei wichtige Anlagen dargestellt.

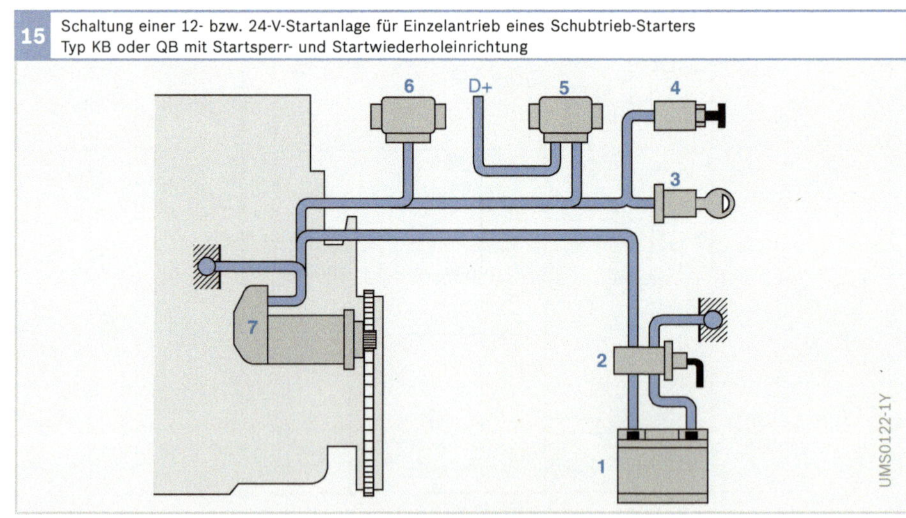

15 Schaltung einer 12- bzw. 24-V-Startanlage für Einzelantrieb eines Schubtrieb-Starters Typ KB oder QB mit Startsperr- und Startwiederholeinrichtung

Bild 15

1 Batterie
2 Batterieschalter
3 Fahrtschalter
4 Startschalter
5 Startsperrrelais
6 Startwiederholrelais
7 Starter
D+ Anschluss an Generator

Startanlage mit Startwiederholeinrichtung

In Startanlagen mit Fernbedienung oder indirekter Starterbetätigung (z. B. in stationären Anlagen, in Dieseltriebwagen und in einzelnen Fällen auch in Nkw mit Heckmotor) wird mitunter ein Startwiederholrelais eingesetzt - insbesondere dann, wenn nicht direkt festgestellt werden kann, ob ein Startversuch erfolgreich verlaufen ist.

Das Startwiederholrelais spricht bei erfolgreichem Einspuren des Starterritzels nicht an. Bei einen Fehler (Blindschaltung) unterbricht es jedoch den erfolglosen Startversuch, um eine thermische Überlastung des Starters zu verhindern. Es wiederholt den Startvorgang automatisch, bis das Starterritzel in den Zahnkranz einspurt und der Kontakt für den Starterstrom eingeschaltet ist.

Das ebenfalls in den Schaltkreis einbezogene Startsperrrelais schützt den Starter gegen irrtümliches Starten bei bereits oder noch laufendem Motor. Diese Schaltung wird ausschließlich für Schubtrieb-Starter mit elektrisch zweistufiger Einschaltweise angewandt.

Startanlage (12 V oder 24 V) mit Startdoppelrelais für Parallelbetrieb

Zum Starten sehr großer Verbrennungsmotoren wären im Einzelbetrieb sehr große Starter erforderlich. Aus Platzgründen ist es günstiger, anstelle eines großen Starters zwei kleinere Starter zu verwenden. Damit der Motor die erforderliche Startdrehzahl erreicht, müssen beide Starter gleichzeitig im Parallelbetrieb den Zahnkranz antreiben. Bei ausreichender Stromversorgung ergibt sich bei Parallelschaltung von zwei Startern etwa die doppelte Starterleistung des Einzelgerätes.

Bei Parallelstartanlagen mit niedriger Spannung (12 V oder 24 V) wird der Startanlage neben dem Startsperrrelais und dem Startwiederholrelais auch ein Startdoppelrelais zugeschaltet. Das Startdoppelrelais bewirkt, dass erst nach dem vollständigen Einspuren beider Starter der volle Starterstrom eingeschaltet wird. Dadurch entwickeln beide Starter gleichzeitig ihr volles Drehmoment und werden gleichmäßig belastet.

Starter für Parallelbetrieb besitzen dafür eine zusätzliche Anschlussklemme.

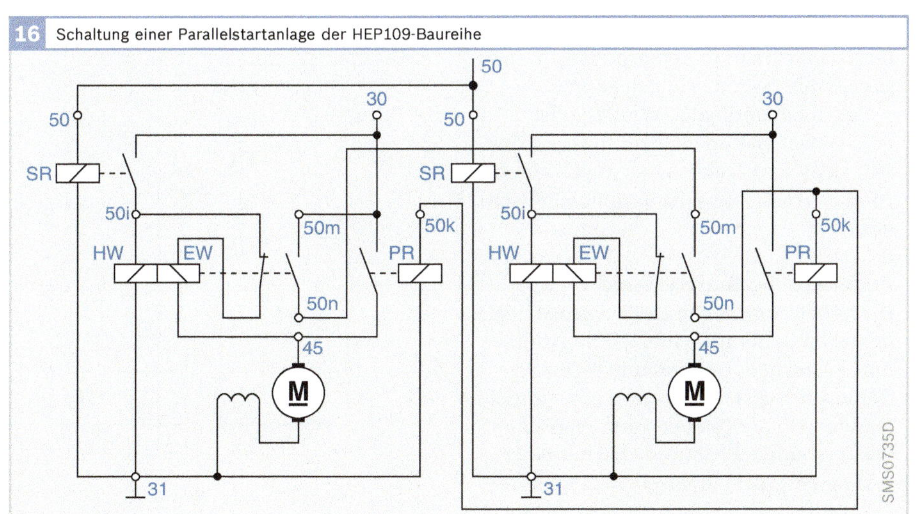

16 Schaltung einer Parallelstartanlage der HEP109-Baureihe

Bild 16
SR Startrelais
HW Haltewicklung
EW Einzugswicklung
PR Schaltrelais
    (Power Relay)
M   Gleichstrommotor

Parallelstartanlage der HEP109-Baureihe
Für Verbrennungsmotoren mit einem
Startleistungsbedarf von ca. 10... 25 kW
wurde eine Parallelstartanlage für 24-Volt-
Bordnetze entwickelt (Bild 16). Diese
hohen Leistungen sind beispielsweise in
Baumaschinen, großen Traktoren und
bei Stationärmotoren notwendig. Je nach
Umgebungstemperatur beim Kaltstart und
der Größe der hydraulischen Zusatzlasten
beim Motorstart kann die Anlage bereits
bei Motoren ab 9 l Hubraum erforderlich
sein. In der Standardapplikation bei einer
Kaltstarttemperatur von – 20 °C ist sie für
Dieselmotoren bis 72 l Hubraum und Ottomotoren bis 144 l Hubraum ausgelegt.

Die Anlage basiert auf zwei oder drei miteinander gekoppelten Vorgelegestartern
der HEP109-Baureihe, deren freiausstoßende Bauweise die Beständigkeit gegen
Umwelteinflüsse erhöht.
 Bei den Startern der HEP109-Baureihe
treten Blindschaltungen konstruktionsbedingt nicht mehr auf. Daher entfällt der
zusätzliche Schaltungsaufwand für ein
Startwiederholrelais. Die Funktionalität
des Startdoppelrelais ist in den Aufbau der
einzelnen Parallelstarter integriert. Zudem
werden in einer Doppel- oder Dreifach-
anlage nur baugleiche Starter des Typs
HEP109 verwendet, da die entsprechende
Codierung über einen fünfpoligen System-
stecker als Option erfolgen kann.
 Durch die optimale Aufteilung der
mechanischen und elektrischen Last ergibt sich - im Vergleich einem einzelnen
Direktstarter - etwa die doppelte Lebensdauer.

Automatische Startsysteme
Die hohen Ansprüche an Fahrzeuge der
neuesten Generation hinsichtlich Komfort, Sicherheit, Qualität und niedriger
Geräuschemission führen zu einer zuneh-
menden Verbreitung von automatischen
Startsystemen. Ein automatisches Startsystem unterscheidet sich von einem

konventionellen Startsystem durch zwei
zusätzliche Komponenten:
▶ ein Vorschaltrelais (Bild 17, Pos. 2),
▶ ein Steuergerät im Fahrzeug (z. B. ein
  Motorsteuergerät, Pos. 3), das für die
  Ablaufsteuerung des Starts sorgt.

Der Fahrer steuert nun nicht mehr direkt
den Relaisstrom des Starters, sondern meldet mit dem Drehen des Zündschlüssels
seinen Startwunsch dem Steuergerät, das
vor der Einleitung des Starts eine Prüfung
der Sicherheit durchführt. Dabei sind z. B.
folgende Prüfungen möglich:
▶ Ist der Fahrer berechtigt, das Fahrzeug
  zu starten? (Diebstahlschutz)
▶ Befindet sich der Motor in Ruhe? (In
  leisen Fahrzeugen oder auch Bussen
  kann der Fahrer das Motorgeräusch im
  Innenraum kaum wahrnehmen.)
▶ Genügt der Batterieladezustand in Abhängigkeit von der Motortemperatur für
  den Startvorgang?
▶ Ist beim Automatikgetriebe die Neu-
  tralstellung eingelegt bzw. beim Handschaltgetriebe die Kupplung geöffnet,
  bzw. kein Gang eingelegt?

Nach erfolgreicher Prüfung leitet das Steuergerät den Start ein. Hierdurch wird die
Wicklung des Vorschaltrelais bestromt.

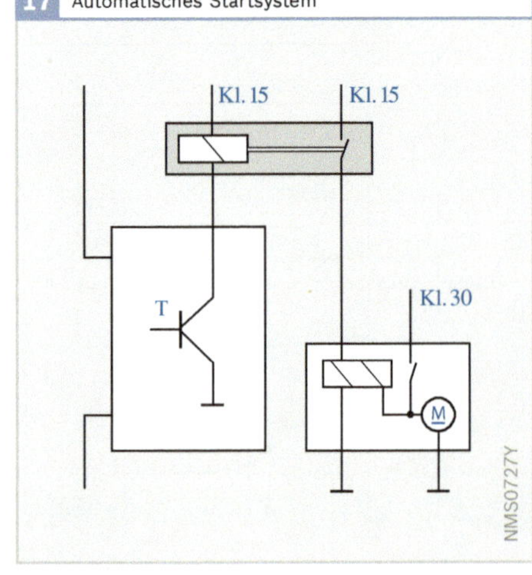

17 Automatisches Startsystem

Das Vorschaltrelais schließt die Verbindung zwischen Batterie (Klemme 30) und dem Starterrelais. Der Startvorgang läuft nun wie zuvor beschrieben ab.

Während des Starts wird die Motordrehzahl (die vom Steuergerät erfasst wird) mit einer Selbstlaufdrehzahl des Motors (die auch motortemperaturabhängig sein kann) verglichen. Hat der Motor die Selbstlaufdrehzahl erreicht, schaltet das Steuergerät den Starter ab. Hierdurch wird eine kurze Startzeit, eine Geräuschreduzierung und eine Schonung des Starters erreicht.

Auf dieser Basis lässt sich auch ein Start-Stopp-Betrieb realisieren. Dabei schaltet der Verbrennungsmotor bei Fahrzeugstillstand ab und startet bei Anforderung erneut automatisch. Vor allem im Stadtverkehr ist damit eine deutliche Kraftstoffeinsparung zu erzielen. Gegenwärtig erreichen Vorgelegestarter in diesem Betrieb in Verbindung mit einem hochwertigen Zahnkranz über 200 000 Starts.

Auslegung

Randbedingungen

Die wichtigsten Randbedingungen, die bei der Auslegung des Starters berücksichtigt werden müssen, sind:
- die Startgrenztemperatur, d. h. die tiefste Temperatur des Motors und der Batterie, bei der ein Start noch möglich sein muss,
- der Durchdrehwiderstand des Motors, d. h. das erforderliche Drehmoment an der Kurbelwelle einschließlich aller Zusatzlasten,
- die erforderliche Mindestdrehzahl des Motors bei Startgrenztemperatur,
- die Übersetzung zwischen Starter und Kurbelwelle,
- die Nennspannung der Startanlage,
- die Eigenschaften der Starterbatterie,
- der Widerstand der Zuleitungen zwischen Batterie und Starter sowie die Übergangswiderstände von Klemm-

stellen und Schaltelementen (Trennschalter usw.),
- die Drehzahl-/Drehmoment-Charakteristik des Starters,
- der maximal zulässige Spannungseinbruch im Bordnetz (die Funktionsfähigkeit der Motorelektronik muss gewährleistet sein).

Der Starter kann aufgrund dieser Randbedingungen nicht isoliert betrachtet werden. Als Bestandteil der Gesamtanlage aus Motor einschließlich seiner Zusatzaggregate, dem Bordnetz mit Batterie und Leitungsführung sowie dem Starter selbst muss dieser auf die anderen Komponenten abgestimmt werden.

Startgrenztemperatur

Die zu überwindenden Reibungswiderstände hängen stark von der Schmiermittelviskosität und damit von der Motortemperatur ab. Bei tiefen Temperaturen kann der Reibungswiderstand zwei bis drei mal so hoch sein wie bei betriebswarmem Motor. Mit fallender Temperatur steigt außerdem die Mindest-Startdrehzahl zum Erreichen der Selbstzündung beim Dieselmotor bzw. für eine ausreichende Gemischbildung beim Ottomotor an. Der Starter muss daher beim Kaltstart

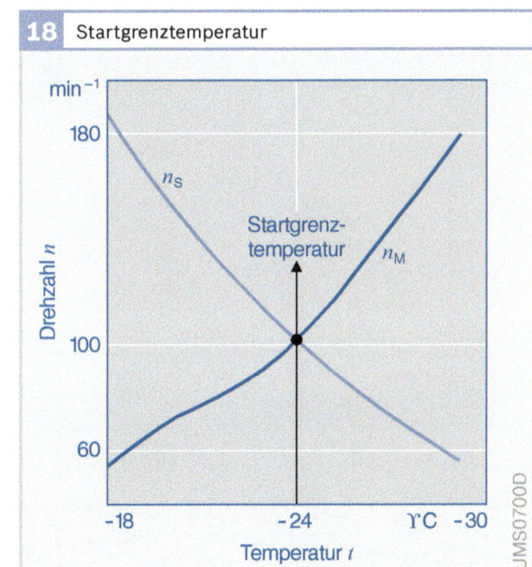

Bild 18
n_S mit dem Startsystem erreichte Motordrehzahl
n_M für den Start erforderliche Mindestdrehzahl

eine deutlich höhere Leistung erbringen als bei betriebswarmem Motor.

Andererseits stellt die Fahrzeugbatterie bei Kälte nur eine verringerte Spannung bzw. einen geringerer Strom zur Verfügung, da der Innenwiderstand der üblicherweise eingesetzten Blei-Akkumulatoren mit fallender Temperatur deutlich zunimmt. Damit fällt die Leistung der Startanlage mit der Temperatur ab.

Die steigenden Reibungswiderstände des Motors einerseits und die fallende Leistungsfähigkeit der Startanlage andererseits führen dazu, dass die erreichbare Drehzahl mit fallender Temperatur abnimmt und bei tiefen Temperaturen unter Umständen nicht zum Starten des Motors ausreicht. Deshalb kann ein Start nur oberhalb einer bestimmten Temperatur, der Start-Grenztemperatur, erfolgen (Bild 18).

In Europa werden Startanlagen im Allgemeinen für die in Tabelle 1 aufgeführten Startgrenztemperaturen ausgelegt, wobei die Werte die unterschiedlichen klimatischen Verhältnisse des jeweiligen Einsatzlandes berücksichtigen.

Durchdrehwiderstand

Der Durchdrehwiderstand, d. h. das zum Durchdrehen des Motors erforderliche Drehmoment, hängt in erster Linie vom Hubraum und von der Viskosität des Motorenöls (und damit von der Motortemperatur) ab. Auch Bauart und Zylinderzahl des Motors, Verhältnis von Hub zu Bohrung, Verdichtungsverhältnis, Masse der bewegten Triebwerksteile und deren Lagerung sowie zusätzliche Schlepplasten durch Kupplung, Getriebe und angebaute Aggregate haben Einfluss. Im Allgemeinen steigt der mittlere Durchdrehwiderstand bei Ottomotoren mit zunehmender Drehzahl an. Bei Dieselmotoren hingegen kann der Widerstand nach einem Maximum bei einer Motordrehzahl von 80…100 min^{-1} aufgrund der Rückgewinnung der verhältnismäßig hohen Kompressionsarbeit wieder abnehmen.

Mindest-Startdrehzahl

Die Mindest-Startdrehzahl variiert je nach Motortyp, bei Dieselmotoren haben auch Starthilfen einen Einfluss. Tabelle 2 zeigt Erfahrungswerte.

Kriterien

Aus dem Drehmomentbedarf bei der Startgrenztemperatur und der Mindeststartdrehzahl ergibt sich die erforderliche Starterleistung als erstes Kriterium zur Auswahl eines Startertyps.

Nennleistung

Die Nennleistung des Starters ist eine am Prüfstand ermittelte Kenngröße, die von den Randbedingungen des Startvorgangs abhängt. Die Angaben von Bosch beziehen sich dabei auf einen Kaltstart bei Einsatz der größten zulässigen Batterie, die bei einer Temperatur von $-20\,°\text{C}$ den Ladezustand „20 % entladen" aufweist. Der Zuleitungswiderstand der Starterhauptleitung beträgt 1 mΩ. Gemessen wird die Leistung am Motorzahnkranz.

Tabelle 1

1 Startgrenztemperaturen	
Motoren für	**Startgrenztemperatur**
Pkw	-18 °C…-28 °C
Lkw, Busse	-15 °C…-32 °C
Schlepper	-12 °C…-15 °C
Antriebs- und Aggregat-Motoren bei Schiffen	-5 °C
Diesellokomotiven	+5 °C

Tabelle 1

2 Erfahrungswerte für die Mindeststartdrehzahl bei -20 °C	
Motor	**Drehzahl**
Ottomotor	60 min^{-1}…100 min^{-1}
Dieselmotor mit direkter Einspritzung ohne Starthilfe	80 min^{-1}…200 min^{-1}
Dieselmotor mit direkter Einspritzung mit Starthilfe	60 min^{-1}…120 min^{-1}

Tabelle 2

Gebräuchlich sind auch Nennleistungsangaben, die sich auf deutlich andere Randbedingungen beziehen. Andere Messvorschriften und Normen sehen teilweise die Messung bei +20 °C und eine zentrische Momentenbeaufschlagung des Ritzels vor, sodass die Verluste am Motorzahnkranz unberücksichtigt bleiben. Schließlich sind auch die vorausgesetzten Batteriekennlinien unterschiedlich. Dadurch ergibt sich insgesamt ein uneinheitliches Bild heute gebräuchlicher Leistungsangaben für Starter.

Tatsächliche Leistung

Die tatsächliche Leistung einer Starteranlage hängt wesentlich vom Zuleitungs- und Batterie-Innenwiderstand ab. Je kleiner der Innenwiderstand der Batterie ist, desto größer ist ihre Leistung und damit auch die Starterleistung. Die Batterie muss so dimensioniert sein, dass sie bei der Startgrenztemperatur den erforderlichen Strom liefern kann und diesen auch bei ungünstigen Betriebsbedingungen ausreichend lange zur Verfügung stellt.

Die Auslegung von Batterie und Starter muss aufeinander abgestimmt sein. Starter werden für eine maximale und eine minimale Batteriegröße ausgelegt. Beim Betrieb an einer kleineren Batterie ist die tatsächliche Leistung der Startanlage geringer als die Nennleistung. Solange die Kaltstartanforderungen und die Funktionssicherheit der startrelevanten Baugruppen (Steuergeräte, Relais) erfüllt werden, ist dies technisch zulässig.

An einer größeren Batterie betrieben liegt die Leistung oberhalb des Nennwerts. Dies kann zu einer Überlastung der mechanischen Teile, zu erhöhtem Verschleiß und zu thermischer Überlastung führen. Bei permanentmagneterregten Startern kann es zu einer Teilentmagnetisierung der Permanentmagnete und damit zu einem irreversiblen Drehmomentverlust kommen. Die vorgesehene Batteriegröße darf daher nicht überschritten werden.

Getriebeübersetzung

Die Wahl der richtigen Starterleistung (als zusammengesetzte Größe aus Drehmoment und Drehzahl) reicht zur Auslegung des Starters nicht aus. Vielmehr muss der Starter bezüglich Drehzahl und Drehmoment an den Bedarf des Motors angepasst werden. Dazu wird die Getriebeübersetzung vom Starterritzel zur Motorkurbelwelle als weitere Anpassungsgröße herangezogen. In Grenzen kann dies durch Wahl unterschiedlicher Zähnezahlen am Starterritzel geschehen. Wesentlich mehr Spielraum bieten jedoch Starter mit internem Vorgelege, die eine flexible Kennlinienanpassung ermöglichen.

Nennspannung

Die Nennspannung von Startanlagen ist in der Regel vorgegeben. Bei Personenkraftwagen sind dies gegenwärtig durchgängig 12 V, bei großen Nutzfahrzeugen in Europa 24 V. In USA sind auch Nutzfahrzeuge überwiegend mit 12-V-Bordnetzen ausgestattet. Bei Transportern, Bau- und Bodenbearbeitungsfahrzeugen sowie kleinen Aggregat- und Bootsmotoren sind sowohl 12 V als auch 24 V gebräuchlich. Stationäre Anlagen, Lokomotiven und Spezialfahrzeuge werden teilweise auch mit Sonderanlagen mit 36...110 V ausgerüstet.

Startertypen im Überblick

Startertypen
Die Bilder 19, 20 und 21 geben einen Überblick über die einzelnen Startertypen.

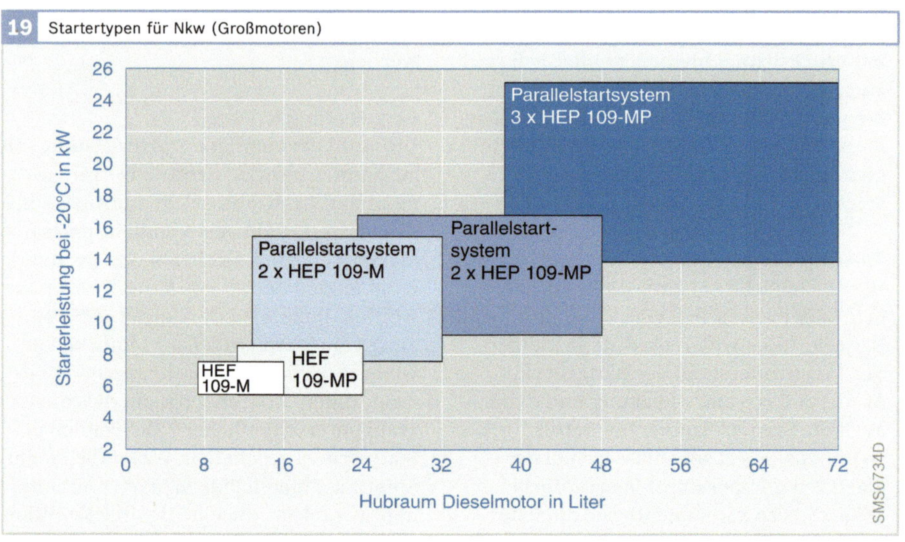

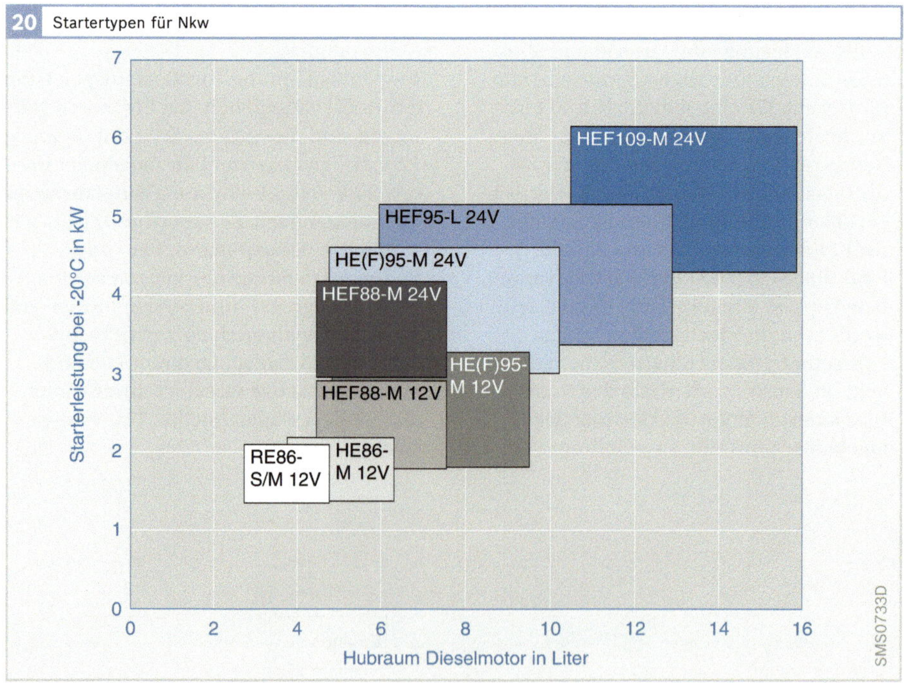

Systematik

Die Bezeichnung eines Starters gibt Auskunft über die Baureihe, das Erregersystem, den Lagertyp, den Polgehäusedurchmesser und die Anker-Eisenlänge. Starter von Bosch werden nach der in Bild 22 dargestellten Systematik bezeichnet.

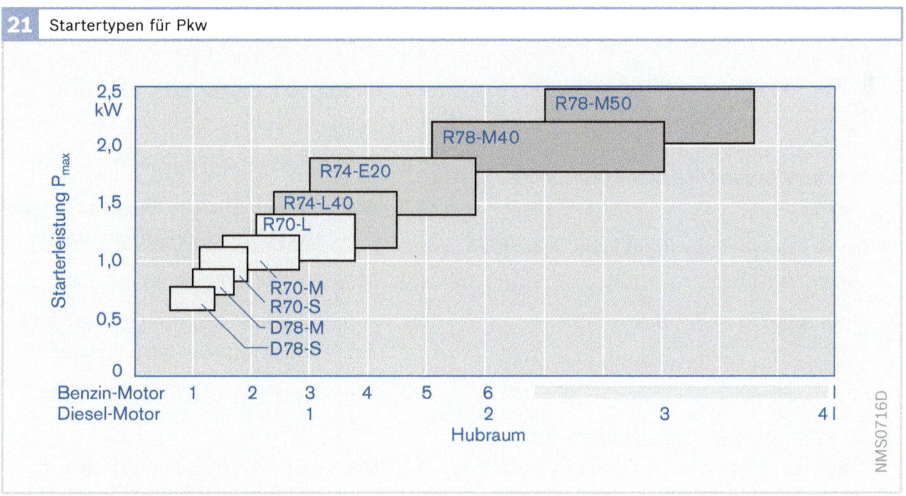

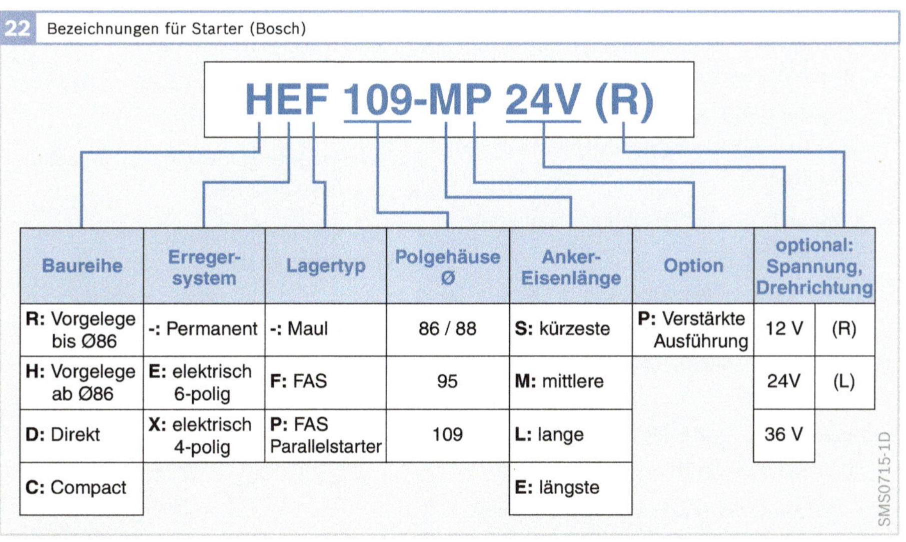

Baureihe	Erreger-system	Lagertyp	Polgehäuse Ø	Anker-Eisenlänge	Option	optional: Spannung, Drehrichtung	
R: Vorgelege bis Ø86	**-:** Permanent	**-:** Maul	86 / 88	**S:** kürzeste	**P:** Verstärkte Ausführung	12 V	(R)
H: Vorgelege ab Ø86	**E:** elektrisch 6-polig	**F:** FAS	95	**M:** mittlere		24V	(L)
D: Direkt	**X:** elektrisch 4-polig	**P:** FAS Parallelstarter	109	**L:** lange		36 V	
C: Compact				**E:** längste			

Verständnisfragen

Die Verständnisfragen dienen dazu, den Wissensstand zu überprüfen. Die Antworten zu den Fragen finden sich in den Abschnitten, auf die sich die jeweilige Frage bezieht. Daher wird hier auf eine explizite „Musterlösung" verzichtet. Nach dem Durcharbeiten des vorliegenden Teils des Fachlehrgangs sollte man dazu in der Lage sein, alle Fragen zu beantworten. Sollte die Beantwortung der Fragen schwer fallen, so wird die Wiederholung der entsprechenden Abschnitte empfohlen.

1. Wofür werden Dieselmotoren eingesetzt?

2. Was sind wichtige Kenndaten eines Dieselmotors?

3. Wie arbeitet ein Dieselmotor?

4. Wie ist das Drehmoment und die Leistung definiert?

5. Durch welchen Vergleichsprozess wird der Dieselmotor beschrieben? Wie ist dieser Vergleichsprozess charakterisiert?

6. Wie ist der effektive Wirkungsgrad definiert? Wie wird er berechnet?

7. Welche Betriebszustände gibt es? Wodurch sind diese Betriebszustände charakterisiert?

8. Wodurch sind die Betriebsbedingungen begrenzt?

9. Über welche Stellgröße wird die Motorleistung geregelt?

10. Welche Formen haben die Brennräume und warum?

11. Welche Kenngrößen für Dieselkraftstoff gibt es? Welche Bedeutung haben sie?

12. Welche Additive werden zugesetzt und warum?

13. Welche alternativen Kraftstoffe gibt es? Wie werden sie hergestellt?

14. Welche Systeme zur Füllungssteuerung und zur Aufladung gibt es? Wie funktionieren sie?

15. Was sind die Vor- und Nachteile der Abgasturboaufladung und der mechanischen Aufladung?

16. Wie funktionieren Drallklappen?

17. Wie ist ein Luftfilter aufgebaut und wie funktioniert er?

18. Wie ist die Luftzahl definiert?

19. Welche Parameter der Einspritzung gibt es? Welche Bedeutung haben sie?

20. Wie sieht der Einspritzverlauf aus?

21. Welche Diesel-Einspritzsysteme gibt es und wie funktionieren sie prinzipiell?

22. Wie funktioniert eine Reiheneinspritzpumpe?

23. Wie funktioniert eine Verteilereinspritzpumpe?

24. Welche Einzelzylinder-Systeme gibt es und wie funktionieren sie?

25. Wie funktioniert ein Common-Rail-System?

26. Wie ist eine Startanlage aufgebaut und wie funktioniert sie?

27. Welche Startertypen gibt es und wie funktionieren sie?

28. Welche Unterschiede gibt es bei Startanlagen zwischen Pkw und Nutzfahrzeugen?

Abkürzungsverzeichnis

A

ACEA: Association des Constructeurs Européens d'Automobiles (Verband der europäischen Automobilhersteller)
ADC: Analog/Digital-Converter (Analog/Digital-Wandler)
AGR: Abgasrückführung
AHR: Abgashubrückmelder
ARD: Aktive Ruckeldämpfung
ASIC: Application Specific Integrated Circuit (anwendungsbezogene integrierte Schaltung)
ASR: Antriebsschlupfregelung
ASTM: American Society for Testing and Materials
ATL: Abgasturbolader
AU: Abgasuntersuchung

B

BDE: Benzin-Direkteinspritzung
BIP-Signal: Begin of Injection Period-Signal (Signal der Förderbeginnerkennung)
BMD: Bag Mini Diluter (Verdünnungsanlage)

C

CAFÉ: Corporate Average Fuel Efficiency
CAN: Controller Area Network
CARB: California Air Resources Board
CCRS: current Controlled Rate Shaping (stromgeregelte Einspritzverlaufsformung)
CDPF: Catalyzed Diesel Particulate Filter (katalytisch beschichteter Partikelfilter)
CFPP: Cold Filter Plugging Point (Filterverstopfungspunkt bei Kälte)
CFR: Cooperative Fuel Research
CFV: Critical Flow Venturi
CLD: Chemielumineszenzdetektor

COP: Conformity of Production
CPU: Central Processing Unit
CR: Common Rail
CRT: Continuously Regenerating Trap (kontinuierlich regenerierendes Partikelfiltersystem)
CSF: Catalyzed Soot Filter (katalytisch beschichteter Partikelfilter)
CVS: Constant Volume Sampling
CZ: Cetanzahl

D

DCU: DENOXTRONIC Control Unit
DFPM: Diagnose-Fehlerpfad-Management
DHK: Düsenhalterkombination
DI: Direct Injection (Direkteinspritzung)
DME: Dimethylether
DOC: Diesel Oxidation Catalyst (Diesel-Oxidationskatalysator)
DPF: Dieselpartikelfilter
DSCHED: Diagnose-Funktions-Scheduler
DSM: Diagnose-System-Management
DVAL: Diagnose-Validator

E

ECE: Economic Comission for Europe (Europäische Wirtschaftskommission der Vereinten Nationen)
EDC: Elektronic Diesel Control (Elektronische Dieselregelung)
EDR: Enddrehzahlregelung
EEPROM: Electrically Erasable Programmable Read Only Memory
EEV: Enhanced Environmentally-Friendly Vehicle
EGS: Elektronische Getriebesteuerung
EIR: Emission Information Report
EKP: Elektrokraftstoffpumpe
ELPI: Electrical Low Pressure Impactor
ELR: Elektronische Leerlaufregelung

ELR: European Load Response
EMI: Einspritzmengenindikator
EMV: Elektromagnetische Verträglichkeit
EOBD: European OBD
EOL-Programmierung: End-Of-Line-Programmierung
EPA: Environmental Protection Agency (US-Umwelt-Bundesbehörde)
EPROM: Erasable Programmable Read Only Memory
ESC: European Steady-State Cycle
ESP: Elektronisches STabilitäts-Programm
ETC: European Transient Cycle
euATL: Elektrisch unterstützter Abgasturbolader
EWIR: Emissions Warranty Information Report

F
FAME: Fatty Acid Methyl Ester (Fettsäuremethylester)
FID: Flammenionisationsdetektor
FIR: Field Information Report
FR: First Registration (Erstzulassung)
FTIR: Fourier-Transfom-Infrarot (-Spektroskopie)
FTP: Federal Test Procedure

G
GC: Gaschromatographie
GDV: Gleichdruckventil
GRV: Gleichraumventil
GLP: Glow Plug (Glühstiftkerze)

H
H-Pumpe: Hubschieber-Reiheneinspritzpumpe
HBA: Hydraulisch betätigte Angleichung
HCCI: Homogeneous Compressed Combustion Ignition
HD: Hochdruck
HDK: Halb-Differenzial-Kurzschlussringsensor
HDV: Heavy-Duty Vehicle

HFM: Heißfilm-Luftmassenmesser
HFRR-Methode: High Frequency Reciprocating Rig
HGB: Höchstgeschwindigkeitsbegrenzung
H-Kat: Hydrolye-Katalysator
HLDT: Heavy-Light-Duty Truck
HRR-Methode: High Frequency Reciprocating Rig (Verschleißprüfung)
HSV: Hydraulische Startmengenverriegelung
HWL: Harnstoff-Wasser-Lösung

I
IC: Integrated Circuit (Integrierte Schaltung)
IDI: Indirect Injection (Indirekte Einspritzung, Kammermotor)
IMA: Injektormengenabgleich
ISO: International Organziation for Standardization
IWZ-Signal: Inkremental-Winkel-Zeit-Signal

J
JAMA: Japan Automobile Manufacturers Association

K
KMA: Kontinuierliche Mengenanalyse
KSB: Kaltstartbeschleuniger
KW: Kurbelwellenwinkel
KWP: Keyword Protocol

L
LDA: Ladedruckabhängiger Vollfastanschlag
LDR: Ladedruckregelung
LDT: Light-Duty Truck
LDV: Light-Duty Vehicle
LED: Light-Emitting Diode (Leuchtdiode)
LEV: Low-Emission Vehicle
LFG: Leerlauffeder gehäusefest
LLDT: Light Light-Duty Truck
LLR: Leerlaufregelung
LRR: Laufruheregelung

LSF: (Zweipunkt-)Finger-Lambda-Sonde
LSU: (Breitband-)Lambda-Sonde-Universal

M
MAB: Mengenabstellung
MAR: Mengenausgleichsregelung
MBEG: Mengenbegrenzung
MC: Microcomputer
MDPV: Medium Duty Passenger Vehicle
MDV: Medium-Duty Vehicle
MI: Main Injection
MIL: Malfunction Indicator Lamp (Diagnoselampe)
MKL: Mechanischer Kreisellader (mechanischer Strömungslader)
MMA: Mengenmittelwertadaption
MNEFZ: Modifizierter Neuer Europäischer Fahrzyklus
MSG: Motorsteuergerät
MV: Magnetventil
MVL: Mechanischer Verdrängerlader

N
NBF: Nadelbewegungsfühler
NBS: Nadelbewegungssensor
ND: Niederdruck
NDIR-Analysator: Nicht-dispersiver Infrarot-Analysator
NEFZ: Neuer Europäischer Fahrzyklus
Nkw: Nutzkraftwagen
NLK: Nachlaufkolben (-Spritzversteller)
NMHC: Nicht-methanhaltige Kohlenwasserstoffe
NMOG: Nicht-methanhaltige organische Gase
NSC: NO_X Storage Catalyst (NO_X-Speicherkatalysator)
NTC: Negative Temperature Coefficient
NW: Nockenwellenwinkel

O
OBD: On-Board-Diagnose
OHW: Off-Highway
OT: Oberer Totpunkt (des Kolbens)
Oxi-Kat: Oxidationskatalysator

P
PASS: Photo-acoustic Soot Sensor
PDE: Pumpe-Düse-Einheit (Unit Injector System)
PDP: Positive Displacement Pump
PF: Partikelfilter
pHCCI: partly Homogeneous Compressed Combustion Ignition
PI: Pilot Injection (auch: Voreinspritzung, VE)
Pkw: Personenkraftwagen
PLA: Pneumatische Leerlaufanhebung
PLD: Pumpe-Leitung-Düse (Unit Pump System)
PM: Partikelmasse
PMB: Paramagnetischer Detektor
PNAB: Pneumatische Abstellvorrichtung
PO: Post Injection (auch: Nacheinspritzung, NE)
PSG: Pumpensteuergerät
PTC: Positive Temperature Coefficient
PWG: Pedalwertgeber
PWM: Pulsweitenmodulation
PZEV: Partial Zero-Emission Vehicle

R
RAM: Random Access Memory (Schreib-Lesespeicher)
RDV: Rückstromdrosselventil
RIV: Regler-Impuls-Verfahren
RME: Rapsölmethylester
ROM: Read Only Memory (Nur-Lese-Speicher)
RSD: Rückströmdrosselventil
RWG: Regelweggeber
RZP: Rollenzellenpumpe

S
SAE: Society of Automotive Engineers (Organisation der Automobilindustrie in den USA)
SCR: Selective Catalytic Reduction (selective katalytische Reduktion)

SD: Steuergeräte-Diagnose
SFTP: Supplement Federal Test Procedure
SG: Steuergerät
SME: Sojamethylester
SMPS: Scanning Mobility Particle Sizer
SRC: Smooth Running Control (Mengenausgleichsregelung bei Nkw)
SULEV: Super Ultra-Low-Emission Vehicle
SV: Spritzverzug
SZ: Schwärzungszahl

T

TA: Type Approval (Typzertifizierung)
THC: Gesamt-Kohlenwasserstoffkonzentration
TLEV: Transitional Low-Emission Vehicle
TME: Tallow Methyl Ester (Rindertalgester)

U

UDC: Urban Driving Cycle
UFOME: Used Frying Oil Methyl Ester (Altspeisefettester)
UIS: Unit Injector System
ULEV: Ultra-Low-Emission Vehicle
UPS: Unit Pump System
UT: Unterer Totpunkt (des Kolbens)

V

VE: Voreinspritzung
VST-Lader: Turbolader mit variabler Schieberturbine
VTG-Lader: Turbolader mit variabler Turbinengeometrie

W

WSD: Wear Scar Diameter („Verschleißkalotten"-Durchmesser bei der HFRR-Methode)
WWH-OBD: World Wide Harmonized On Board Diagnostics

Z

ZEV: Zero-Emission Vehicle
O-EVAP: zero evaporation